SHANNA REIS

Wild im Herzen

Wie ich als Jägerin und Winzerin
im Einklang mit der Natur lebe

 PENGUIN VERLAG

Sollte diese Publikation Links auf Webseiten Dritter enthalten, so übernehmen wir für deren Inhalte keine Haftung, da wir uns diese nicht zu eigen machen, sondern lediglich auf deren Stand zum Zeitpunkt der Erstveröffentlichung verweisen.

1. Auflage
Copyright © 2023 by Penguin Verlag
in der Penguin Random House Verlagsgruppe GmbH,
Neumarkter Straße 28, 81673 München
Redaktion: Nina Schnackenbeck
Umschlaggestaltung: Favoritbuero, München
Umschlagabbildungen: © Lisa Ströher, © Wolfgang Stahr
Satz: Vornehm Mediengestaltung GmbH, München
Druck und Bindung: GGP Media GmbH, Pößneck
Printed in Germany
ISBN 978-3-328-10976-1

www.penguin-verlag.de

Inhalt

Für meine Eltern, Großeltern und Urgroßeltern.
Danke für alle Türen, die ihr mir geöffnet habt.

Vorwort

Oktober 1999. Ich sitze im Wohnzimmer, im Leoparden-Sitzsack meiner Schwester, und schaue fern. Das rhythmische Gluckern unseres Fendt Frontladers dringt langsam durch bis in meinen Verstand, und ich erwache aus meiner kindlichen Fernsehstarre. Mit einem Satz springe ich auf, laufe durch die Küche und hinaus in den Flur und hüpfe die acht Stufen zur Haustür hinunter. Ich schnappe mir meinen Kinder-Küferkittel von der Garderobe und streife ihn mir über den Kopf. Ganz sauber ist das dunkelblaue Hemd mit den feinen senkrechten Streifen nicht mehr. Ein paar schmierige Fruchtreste an den Ärmeln und getrocknete Traubenschalen zeugen von den Einsätzen in den vergangenen Tagen. Ich öffne unsere schwere Holztür, schlüpfe in meine Gummistiefel und greife mir die kleine Schüssel mit Leitungswasser, die ich schon bereitgestellt habe. Fast zeitgleich gluckert der Traktor im Schritttempo auf den Hof, gefolgt von dem großen, massiven Maischewagen aus Edelstahl. Träge schwappen darin mehrere Tonnen der Riesling-Trauben aus unserem Weinberg hin und her. Das Gespann wird unter die überdachte Durchfahrt gesteuert, und einer unserer Saisonarbeitskräfte eilt bereits mit dem dicken roten Maischeschlauch herbei, um alles bereit zu machen für das Abladen der Trauben.

Als der Traktor endlich zum Stehen kommt, sprinte ich, so

schnell ich kann, ohne das Wasser aus der Schüssel zu verschütten, die wenigen Meter über den Hof und schwinge mich mithilfe des kleinen Tritts auf das hintere Ende des Maischewagens. Dort ist eine schmale Plattform angebracht, um die Maische von oben begutachten zu können. Ich stelle die Schüssel ab und lehne mich dann vorsichtig über das von Saft klebende Geländer und lasse meinen Blick langsam über die goldgelb schimmernden Trauben wandern. Ein erster roter Fleck springt mir ins Auge. Ich stelle mich auf die Zehenspitzen, beuge mich vorsichtig noch weiter vor, strecke den Arm weit aus und lasse den gestrandeten Marienkäfer vorsichtig auf meine Fingerspitze krabbeln. Behutsam, um ihn ja nicht fallen zu lassen, gehe ich in die Hocke und tauche meinen Finger in die Schüssel. Der Marienkäfer beginnt zu schwimmen. Wieder blicke ich über das Geländer und halte Ausschau nach dem nächsten kleinen Krabbelkäfer. Ich muss mich beeilen, denn parallel zu meiner Rettungsaktion wird die Maische in den Keller gepumpt. Je mehr Marienkäfer ich herausgefischt bekomme, desto mehr überleben.

Nach rund fünfzehn Minuten ist mein Einsatz beendet, der Maischewagen leer und zurück auf den Weg in den Weinberg. Die geretteten Marienkäfer sammele ich behutsam aus ihrer Badewanne und verteile sie auf den Sträuchern am Hauseingang.

Dreizehn Jahre später ist die Situation eine andere und doch irgendwie gleich. Es ist wieder Oktober, jedoch sitze ich im Büro und nicht mehr vor dem Fernseher. Starre tippend auf meinen Bildschirm und beantworte verschiedene Anfragen. Die Beine meiner grünen Arbeitshose sind besprenkelt mit

Mostresten, und die Ärmel kleben von Traubenschalen. Unseren Fendt Frontlader haben wir immer noch, und er schlängelt sich wie früher mit seiner tonnenschweren Last behäbig die Georg-Scheu-Straße nach oben. Sobald das Tuckern zu hören ist, beende ich meine Tipperei, gehe die Stufen zur Haustür hinunter und binde meine Arbeitsschuhe zu. Ich überquere den Hof und greife mir den schweren, dicken roten Schlauch, der in der Durchfahrt hängt. Das klebrige Ungetüm in beiden Händen haltend, bringe ich mich in Position und warte, bis mein Schwager Artur den Traktor in den Hof gefahren hat. Sorgsam winke ich ihn auf die passende Position, bis er mit meinem lauten Stopp-Ruf zum Stehen kommt. Mit dem linken Fuß schiebe ich die bereitstehende Bütte unter den Auslauf des Maischewagens und entferne den Verschluss. Ein kleiner Schwall aus Trauben und Most schwappt in das Gefäß. Diesen ersten Schluck schütte ich später zurück in den Maischewagen. Aber jetzt zerre ich erst mal schnell den roten Maischeschlauch in Position und schließe ihn an den Maischewagen an, sodass die Trauben ihre Reise durchs Weingut starten können.

Zwar rette ich heute keine Marienkäfer mehr, aber den Platz auf der Plattform mit Blick auf das Traubenmeer und den Fortgang des Abladens finde ich immer noch spannend. Mit einem Blick erfährt man so viel. Wie war das Wetter in diesem Jahr? Haben wir unseren Job gut gemacht? Hat der Pflanzenschutz funktioniert? Gibt es Wildschaden? Wenn ja, wie viel? All diese Fragen lassen sich mit *einem* Blick in den Maischewagen beantworten.

Ich ertappe mich immer wieder dabei, wie ich so auf die Träubchen blicke und an vergangene Tage denke. Zeiten, die unbeschwerter waren. Wo meine größte Sorge den kleinen

Glückskäfern auf den Trauben galt. Auch heute gilt meine Sorge den kleinen Krabblern, aber aus einem anderen Grund: Sie fehlen.

Ich kann gar nicht mehr genau sagen, wann es gewesen ist, aber irgendwann habe ich es gemerkt. In unseren Trauben lebt nicht mehr viel, und das, obwohl wir seit Jahren keine Insektizide mehr verwenden. Wir achten insgesamt ziemlich genau darauf, was wir mit unseren Weinbergen veranstalten und auch mit der Natur drum herum. Zum Ausgleich unserer doch recht intensiven Landwirtschaft legen wir beispielsweise Wildäcker und Blühwiesen in der gesamten Gemarkung an. Plätze, die der »wilden« Natur einen Rückzugsort bieten.

Tatsächlich sehe ich die fehlenden Marienkäfer als ein Symptom unserer Zeit an. Einer Zeit, in der wir den Klimawandel direkt vor der Haustür haben und Themen wie Nachhaltigkeit und Regionalität unumgehbar sind. Aber auch einer Zeit, in der ich das Gefühl habe, dass die Welten innerhalb unseres Landes immer weiter auseinanderdriften. Die Lebensrealität auf dem Dorf, genauer: in der Landwirtschaft, entgegen den Alltagserwartungen in der Stadt. Lebensmittel, die wenig kosten, aber alles leisten sollen. Eine Landwirtschaft, geprägt vom ständigen Preisdruck und der eigenen träumerischen Erwartung, verträglich für Mensch und Umwelt zu agieren und zeitgleich davon leben zu können. Naturschutz, der am eigentlichen Ziel und der Lebensrealität vorbeigeht: Menschen, die gegen die Jagd auf die Straße gehen, während die Wurst aus dem Discounter hervorragend mundet. Organisationen, die mehr Spendengelder in Marketing als in den eigentlichen Zweck investieren. Zwischendrin ich, die das alles sieht, so viel verändern will und nicht weiß, wo sie anfangen soll und wie sie Gehör finden kann.

Ich hoffe, dieses Buch kann einen kleinen Beitrag leisten zum besseren Verständnis zwischen Stadt und Land sowie Produzierenden und Konsumierenden beitragen. Es soll keine Doktrin für das »richtige« Leben sein, sondern der Versuch, zu zeigen, dass das Mosaik, was unser Leben bedeutet, in einem größeren Zusammenhang steht, der wieder Teil eines Mosaiks ist. Ich habe nicht den Anspruch, jemanden zur Jagd zu bekehren oder vom industriellen Fleischkonsum abzubringen, möchte jedoch die Menschen zum Nachdenken anregen. In Sachen Nachhaltigkeit gibt es nicht nur Schwarz und Weiß, sondern viele Zwischenfarben. Die Rettung unserer Umwelt und Natur funktioniert mithilfe vieler kleiner, alltäglicher Taten, die jeder und jede von uns übernehmen kann.

Mit der Art und Weise, was und wie wir konsumieren, formen wir die heutige Welt – und noch viel wichtiger, die Zukunft, in der wir und unsere Kinder und Kindeskinder leben werden. Daher halte ich Achtsamkeit und den ganzheitlichen Blick für das Kleine und Große für wichtig, sodass unsere Enkel vielleicht auch wieder Marienkäfer retten können.

Morgenansitz

Mittwochmorgen, 4 Uhr 59. Mein Wecker klingelt, und ich wache desorientiert auf. Erst mal sortieren: Wie spät ist es? Warum habe ich mir den Wecker so früh gestellt? Ist Arbeit im Impfzentrum angesagt? Weingut oder Jagd? Moment ... Wochenende ist schon mal nicht, das heißt keine Drückjagd. Ah, jetzt! Da war was: Ich wollte auf den Ansitz. Mit fünf Uhr war ich aber wohl etwas optimistisch. Ich werfe einen kurzen Blick links von mir aus dem Schlafzimmerfenster, es ist noch stockdunkel. Eine Viertelstunde dösen kann ich mir also problemlos erlauben.

5 Uhr 14. Mein Wecker klingelt erneut. Dieses Mal geht das gedankliche Sortieren etwas schneller, wenn die Motivation auch noch immer eher verhalten ist. Ich greife zu meinem Handy und knipse die Nachttischlampe an. Ein Weihnachtsgeschenk von meiner Schwester: ein kurzer, massiver Birkenstamm mit weißem Schirm mit dunkelbrauner Stickerei. Sie begleitet mich schon seit einigen Jahren oder, in Umzügen gerechnet, seit vier Wohnungen.

Ein erneuter kurzer Blick nach links: Das Stück Himmel, das ich sehe, ist immer noch rabenschwarz. Mein Freund Simon neben mir schläft weiterhin friedlich und lässt sich durch das Licht der Nachttischlampe gar nicht stören.

Nachdem ich meiner wenig gesunden Morgenroutine aus Instagram, WhatsApp, Facebook und Covid-Zahlen-Check nachgegangen bin, schaffe ich mich endlich aus dem Bett. Meine Dackeldame Henriette, kurz: Henri, und Simons Terrier Siggi wuseln mir um die Beine, als wüssten sie schon, wohin es geht. Ich greife nach frischer Unterwäsche und der braunen, leicht kratzigen Lodenhose, zu Pullover, Fleecejacke, Strumpfhose und Schal. Wir haben Januar, es verspricht also trotz rheinhessisch-mildem Winter ein kalter Morgen zu werden.

Ich schließe die Wohnungstür auf und schaue, ob die Luft rein ist. Wir alle wohnen gemeinsam auf dem Weingut. Meine Schwester, ihr Mann und ihre Kinder im Haus nebenan, meine Eltern im »richtigen« Haus, also im Erd- und Obergeschoss, und Simon und ich in der Anliegerwohnung, die sich im Keller befindet. Die geschlossene Wohnungstür ist hierbei enorm wichtig, da Terrier Siggi und die anderen Rüden des Hauses auf keinen Fall aufeinandertreffen sollten. So bleibt der schwarze Teufel auf der einen Seite der Tür, der Flur ist neutrales Grenzgebiet, und im Erdgeschoss treffe ich auf den Rest der Meute.

Sechzehn Stufen und drei freudige Stichelhaar später stehe ich in der Küche und drücke auf der Kaffeemaschine herum. Auch wenn ich es spätestens in dreißig Minuten bereuen werde, da die »Sanitärsituation« auf dem Hochsitz in der Regel mehr als dürftig ist – ein großer Kaffee aus meiner weiß-roten Tasse muss sein. Während ich den letzten Rest Sojamilch in meine Tasse kippe, wandere ich Richtung Büro, um die Sachen für den Ansitz zu packen. Mein Rucksack, gefüllt mit Gehörschutz, Fernglas, Handschuhen und allem, was man sonst eventuell für den Ansitz brauchen oder nicht brauchen kann, liegt wie immer unter den Schreibtischen des Büros. Eigentlich nur ein Werbegeschenk für Jungjäger, erweist er mir seit fünf Jahren treue Dienste bei jedem Ansitz, auch wenn langsam das Kunstleder an den Trägern abbröckelt und ich an manchen Tagen fluche, weil meine Vier-Zimmer-Küche-Bad-Ansitz-Ausrüstung einfach nicht hineinpassen will.

Als Nächstes schiebe ich die beiden Hundebetten mit dem Fuß zur Seite, um an den Gewehrschrank zu gelangen – dieses graue, schwere Ungetüm, das, solange ich denken kann, schon als Pinnwand missbraucht wird. Erst einmal auf die Zehenspitzen und einen Zahlencode eingeben, um an den Schlüssel zu kommen, der in einem kleinen Tresor auf dem Gewehrschrank verstaut ist.

Zwei nahezu identisch aussehende Waffen stehen nebeneinander. Eine ist die 9.3 (viel zu groß für das heutige Vorhaben) und die andere der Stutzen meines Vaters mit einem kleineren Kaliber von .270 Winchester. Ich lasse den Mittelfinger über die Lauföffnungen gleiten. Statt eine Lampe zu Hilfe zu nehmen, bin ich im Laufe der Zeit dazu übergegangen, lediglich mit dem Finger zu prüfen, welches die passende Waffe ist. Denn die Größe der Mündung variiert je nach Kaliber merklich.

Heute geht es für mich auf Rehwild, da ist der Stutzen meines Vaters die richtige Wahl. Ich greife also nach der Büchse: Angenehm kühl und geschmeidig liegt das dunkle Holz des Schaftes in meiner Hand. Der Gedanke, dass diese Waffe sowohl meinen Vater als auch mich schon auf so vielen Jagden begleitet hat und ein nahezu identisches Modell bei meinem Opa zu Hause steht, lässt ein wohliges, wenn auch nicht recht begründbares

Gefühl der Zusammengehörigkeit in meiner Brust entstehen. Noch Magazin und Munition gegriffen und ich bin fertig ausgerüstet.

Schnell noch Jacke und Schuhe an und dann kann es endlich losgehen – denke ich. Letztendlich bedarf es noch etlicher bittender, flehender und drohender »Henriette!«-Rufe, bis sich die Dackeldame aus dem Haus in die Kälte bequemt. Temperaturen unter 35 °C sind nicht so ganz ihr Ding – das sei direkt zu Anfang gesagt. Wenn es nicht um eine Drückjagd, also eine große Gesellschaftsjagd im Winter, oder das Waidwerken auf Reineke Fuchs geht, auch bekannt als »Baujagd«, bedarf es schon einiger Worte mehr, um den »Hot Dog«, wie die braune Rauhaardackeldame familienintern genannt wird, aus dem Haus, raus in Kälte, in Regen oder Matsch zu bewegen.

Meine drei Stichelhaar muss ich wiederum nicht lange bitten. In der Regel reicht das Klappern der Gewehrschranktüren, um sie auf die Pfoten oder, jagdlicher ausgedrückt, auf die Läufe zu bringen, und wenn nicht, dann steht das Trio spätestens beim unverkennbaren Geräusch der Autotür fiepend bereit.

Nachdem alle Vierbeiner verladen sind, Henri auf dem flauschigen Lammfellsitz vorn – natürlich –, die drei Großen im Kofferraum, setze ich mich ins Auto und starte die Zündung. Wie gewohnt muss ich abwarten, bis das dunkelgelbe Symbol des Vorglühens erloschen ist, nach wenigen Sekunden ist der Motor dann bereit.

Eigentlich mache ich mir nicht viel aus Autos, aber den dunkelgrünen Galloper, ein Fabrikat aus dem Hause Hyundai, das ehemalige *Sonntagsauto* meines Opas, versuche ich schon pfleglich zu behandeln. Nachdem mein Opa mit fast achtzig Jahren eingesehen hatte, dass er nicht mehr unbedingt zwei Jagdautos benötigte, während zeitgleich unser Familiengelände- und Jagdauto für die Reparatur zu teuer wurde, ließ er sich erweichen und vermachte mir zu Weihnachten und Geburtstag, was in meinem Fall recht nah beieinanderliegt, seinen geliebten Wagen.

Stotternd startet der kalte Dieselmotor, und ich besinne mich erst einmal darauf, wo genau es jetzt hingehen wird. Welche Kanzel darf es heute Morgen für mich sein? Wähle ich Tor eins – den hohen Sitz mit Blick ins Nachbardorf, der mir garantiert einen schönen Sonnenaufgang beschert, aber möglicherweise auch Ärger mit einem unserer Mitjäger, der Sorge hat, ich könnte etwas in »seiner« Ecke des Reviers beunruhigen? Oder Tor zwei – bekannt unter dem Namen »Tiergarten«, wo ich in diesem Jagdjahr mein erstes Aspisheimer Wildschwein erlegen durfte? Leider gekoppelt an den Nachteil einer offenen Kanzel, die sich bei knapp null Grad als klirrend kalt erweisen könnte. Oder vielleicht Tor Nummer drei – ungemütlich-unruhig direkt an der Hauptstraße gelegen, dafür aber mit der Aussicht, ein Tier erlegen zu können, das sonst spätestens zur Umstellung der Uhr Ende März in einen Wildunfall verwickelt sein könnte? Während die Rehe nämlich ihr Leben lang immer dieselben Wege wählen, sogenannte Wechsel, die sogar von Generation zu Generation weiterkommuniziert werden, verändert sich oftmals die Umgebung drastisch. Auf einmal tauchen dann neue Straßen auf, und zudem nimmt von einem auf den anderen Tag der Berufsverkehr rapide zu in einer Zeit, in der es das Wild nicht gewohnt ist. So kommt es nicht selten vor, dass man an diesen Orten ein Reh an oder sogar auf der Straße sieht. Sei es, weil das Gras auf der anderen Straßenseite grüner scheint oder weil es vor einer Beunruhigung flieht oder auf dem Weg vom Reh-Wohnzimmer in die Schlafstube ist und dafür die altbekannte Route nimmt.

Während ich die Optionen in meinem Kopf durchgehe und gegeneinander abwäge, wird mir klar, was am sinnvollsten ist: Und so entscheide ich mich für den Lärmpegel des Berufsverkehrs in der Hoffnung, neben einem netten Stück Fleisch in meiner Tiefkühltruhe vielleicht auch ein Reh vor einem elendigen Tod zu bewahren.

Der Weg vom Weingut zum Ansitz ist nicht weit. Ein paar Hundert Meter und ich bin aus dem Dorf heraus, beim Weinlabor am Ortsausgang brennt sogar schon Licht. Nach zwei Serpentinen werde ich langsamer, um meinen Parkplatz nicht zu verpassen. Ich setze den Blinker und stelle mich rechts neben die Straße. Leise öffne ich die Autotür und trete auf den vermoosten, alten Asphalt. Die Kälte und Klarheit der gerade endenden Nacht schlagen mir unsanft in das noch etwas verschlafene Gesicht. Sachte schließe ich die Fahrertür und gehe um den Geländewagen herum, schnappe mir meinen Rucksack und die Büchse, die beide im Fußraum unter Henri bereitliegen. Möglichst leise schiebe ich die Patronen in das Magazin. Dreimal klackt Metall auf Metall. In der Umsicht, die ich zu Beginn eines Ansitzes walten lasse, ohrenbetäubender Lärm für mich. Aber ich bin noch einige Schritte vom Hochsitz entfernt und dürfte hoffentlich nicht alles Wild verscheucht haben.

Vorsichtig streife ich Henri die Pirschleine über den Kopf. Ein Geschenk von einer vergangenen Drückjagd in den steilen Hängen der Mosel, leider demoliert durch die rohe Gewalt von Terrier Siggi, aber immer noch ausgezeichnet, um sich mit meiner acht Kilo leichten Hündin möglichst geräuschlos Richtung Hochsitz zu bewegen.

Ich gehe die wenigen Schritte Richtung Hauptstraße und blicke nach rechts und links: Kein Scheinwerferkegel zu sehen, also schnell auf die andere Straßenseite. Und vorsichtig – nicht mit dem Gewehr an die Leitplanke knallen!

Für die verbleibenden Meter zur Leiter schalte ich meine Taschenlampe ein – und spüre dieses gewisse Maß an Nervenkitzel, der so typisch für einen Morgenansitz ist. Nicht etwa die Dunkelheit macht mir Angst oder ungewollten Besuch auf dem Weg zur Jagd zu bekommen, sondern schlicht und ergreifend, wie ein Nilpferd auszurutschen und mich hinzulegen oder im schlimmsten Fall von der Leiter zu fallen. Das stellt die wahre Herausforderung dar. Immerhin muss ich den steilen Straßengraben und anschließend die wackelige Leiter mit den groben Sprossen überstehen, ohne mich samt Gewehr, Rucksack und Dackel im nassen Gras auf den Hintern zu setzen. Egal wie gut oder schlecht ein Revier und seine jagdliche Einrichtung gepflegt ist, morgens in der Dunkelheit, im Januar, bei feuchtnassem Wetter, nahe dem Gefrierpunkt, kann das schon wirklich tricky sein.

Sicher am Fuße des glitschigen Holzgebildes aus etwa zwanzig Sprossen angekommen, sortiere ich mich noch einmal. Gewehr auf der linken Schulter, Dackel unter denselben Arm geklemmt und der Rucksack auf dem Rücken. Mit der rechten Hand greife ich nach der ersten Sprosse und klettere dann Stufe für Stufe empor und zwischen die Wipfel der abgestorbenen Fichten. Sie sind hier alt geworden, und die letzten trockenen Sommer haben ihnen den Rest gegeben.

23

»Jetzt bloß kein Geräusch!«, ermahne ich mich. Die Kombination aus (zu) viel Gepäck und einem recht langen Gewehrriemen, der auf die Körpermaße meines Vaters abgestimmt ist, hat schon mehr als einmal das unschöne Geräusch von Büchseklappert-an-Hochsitz ergeben, was auch dem letzten schwerhörigen Reh meine Anwesenheit verrät.

Heute habe ich Glück – oder bin besonders geschickt. Nach über fünf Jahren Jagdschein stellt sich bei solchen jagdlichen Fettnäpfchen ein gewisser Automatismus ein.

Oben angekommen, taste ich vorsichtig nach dem Schloss der Kanzel. Wegen schlechter Erfahrungen vergangener Tage sind in unserem Revier eigentlich alle Hochsitze abgeschlossen. Und so stoße ich gleich auf die nächste Herausforderung in Sachen Lärmpegel. Egal, wie behutsam man handelt, das Knarren des Riegels in der Tür ist unvermeidbar, was mir schon den ein oder anderen Anblick versaut hat. Aber, wie mein Vater immer zu sagen pflegt, »Man muss mit den Mädchen tanzen, die man hat«.

Im Hochsitz schalte ich kurz meine Handylampe ein, um mich zu orientieren. Wie so oft entdecke ich die ein oder andere Hinterlassenschaft vom Siebenschläfer. Aber immerhin weder Wespennest noch Marienkäferplage, die ich auf diesem Sitz schon erleben durfte. Die üblichen Verdächtigen, wie die ein oder andere Motte oder unliebsame Achtbeiner, übersehe ich großzügig.

Ich entlasse Henri auf den Boden der Kanzel und lehne meine Büchse aus Gewohnheit an die Fensterbank in der linken Ecke. Aus meinem Rucksack zaubere ich Gehörschutz, Fernglas und ein Buch, in der Hoffnung, heute nicht nur zu dösen oder am Handy zu hängen.

Der Hochsitz hat drei Fenster, geradeaus, links und rechts: Metallrahmen im Querformat, die mit Fensterglas ausgestattet und an zwei Scharnieren aufgehängt sind. Als Verschluss dient ein kleiner Metallhaken. Möglichst geräuschlos drehe ich die Haken, klappe die drei Luken nacheinander auf und fixiere sie. Kaum ist das dritte Fenster offen, bläst mir die kalte Morgenluft unbarmherzig von rechts ins Gesicht. Meine einzig mögliche Abwehr: Ich ziehe den Schal noch etwas höher, die Mütze etwas tiefer und vergrabe, nach einem kurzen Abglasen der Umgebung mittels Fernglases, die Hände in meinen Jackentaschen.

Ich tendiere dazu, erst einmal Ruhe einkehren zu lassen, und verbringe das Warten auf die Morgendämmerung damit, ein wenig vor mich hin zu dösen. Momente wie diese sind ein Grund, weshalb das Jagen als entschleunigend empfunden wird. Oftmals kann man nichts anderes tun, als der Natur ihren Lauf zu lassen und der Dinge zu harren, die da hoffentlich mit dem herankriechenden Tageslicht kommen.

Man könnte es fast ein Privileg nennen in der heutigen Zeit der ständigen Erreich- und Verfügbarkeit, der schnellen Entscheidungen und des Konsums rund um die Uhr – egal, was wir glauben zu brauchen, wir können es direkt bestellen und bekommen es am nächsten Tag geliefert. Die Tatsache, etwas vollkommen aus der Hand zu geben und warten zu müssen, ungewiss des Ergebnisses, stellt für mein Gefühl einen erdenden Kontrast dazu dar.

Ich finde, da weisen Wein und Jagd gewisse Gemeinsamkeiten auf. Der Weinbau bedarf einer ähnlichen Form der Geduld wie das Jagen. Auch für einen guten Wein muss man manchmal die Dinge aus der Hand geben und der Zeit oder auch dem

Lauf der Jahreszeiten die Reifung der Trauben und der Weine überlassen.

Henri hat es sich mittlerweile zu meinen Füßen bequem gemacht. Das bestätigt mir ihr grummeliges Seufzen, als ich versehentlich mit dem Schuh gegen sie stoße. Ich lasse den Blick schweifen. Ich erkenne die Schneisen, die das Waldstück vor mir zerteilen. Wobei »Waldstück« sehr wohlwollend ist. Ich jage in einem Feldrevier. Hauptkennzeichen eines solchen ist, dass es hauptsächlich aus Ackerland beziehungsweise in meinem Fall aus Weinbergen besteht. Größere zusammenhängende Waldflächen gibt es gar nicht. Das »Waldstück«, in dem ich sitze, ist letztendlich aus Hecken am Straßenrand entstanden, eine bunte Mischung aus Schwarzdorn, Holunder und allerlei, die sich im Laufe der vergangenen Jahrzehnte selbstständig angesiedelt haben und nie zurückgeschnitten wurden. Darum wachsen sie relativ hoch. Man kann es, jagdlich gesprochen, auch als »Dickung« bezeichnen – es ist die Sorte von Gestrüpp, in das man ungern hineingeht, weil gefühlt alles aus Dornen besteht.

Langsam haben sich meine Augen an die Dunkelheit gewöhnt, zeitgleich naht langsam, aber stetig der Tag und damit Licht. Das ist der Vorteil des Morgenansitzes, im Gegenteil zum Abendansitz: Die Zeit arbeitet für einen. Mit jeder Minute werden Umrisse deutlicher und graue Klumpen verwandeln sich in Sträucher und Büsche oder idealerweise in ein Wildtier.

Ich suche die Schneisen aufmerksam nach diesen »Klumpen« ab in der Hoffnung, dass sie sich als Reh oder Fuchs entpuppen. Immer wieder erstaunt es mich, welche Streiche mir meine Augen dabei spielen. Plötzlich meine ich, im Augenwinkel etwas zu sehen, doch sobald ich es mit dem Fernglas untersuchen möchte, stelle ich enttäuscht fest: Da ist nichts oder maximal der Busch, den ich schon fünfmal fälschlicherweise für ein Tier gehalten habe.

Nach und nach kommt ein bisschen Leben in die Büsche um mich herum. Die Amseln, klar erkennbar an ihrer Stimme, kündigen den herannahenden Tag an. Ich frage mich, ob es »früher« mehr Vögel gegeben hat, die den Morgen begrüßt haben. Die Singvogelpopulation hat sich in den vergangenen Jahren sehr verkleinert. Höre und sehe ich die Auswirkungen davon bei meinen Ansitzen bereits?

Parallel dazu steigert sich die Taktung der Fahrzeuge, die hinter meinem Rücken die Serpentinen hinunter Richtung Dorf rauschen. Apropos: Im linken Augenwinkel funkelt etwas, langsam, leicht schwankend, näher kommend. Ich stutze. In Sachen Berufsverkehr ist das definitiv die falsche Richtung. Ich nehme den Lichtkegel zuerst in der Spiegelung der Fensterscheiben des Hochsitzes wahr, bevor ich es tatsächlich richtig erkennen kann. Langsam dämmert es mir: Ein zäher Einzelkämpfer schafft sich gerade mit seinem Fahrrad, ganz ohne E-Bike-Bonus, die Serpentinen hoch. Langsam und stetig bewegt sich das einsame Licht seines Fahrrads lautlos hangaufwärts. Eine Mischung aus Hochachtung und Verständnislosigkeit huscht mir durch den Kopf. Ich fahre ebenfalls gern Fahrrad, am liebsten Rennrad, aber mich risikofreudig morgens im Zwielicht zwischen Dunkel und Tag durch den Berufsverkehr zu quälen, liegt fernab meines Überlebenswillens.

Langsam fährt der Radler hinter mir entlang – als die Ruhe seines Tuns durch ein jähes Krachen von brechendem Holz direkt neben mir unterbrochen wird. Erschreckt schaue ich in die Schneise zu meiner Rechten und traue kaum meinen Augen: Wie aus dem Nichts steht neben meinem Sitz ein Reh. Ich weiß, mir bleibt nicht viel Zeit, um mir das Tier anzuschauen, das sogenannte Ansprechen des Wildes, um zu entscheiden, womit ich es genau zu tun habe. Auf den ersten Blick erkenne ich weder einen Pinsel an der unteren Bauchseite (also das männliche Geschlechtsorgan) noch den Ansatz eines Gehörns. (Dazu muss ich erklären, dass sich das Geweih oder Gehörn der Böcke im Januar immer erst im Wachstum befindet, nachdem sie es zum Ende des vergangenen Jahres abgeworfen haben. Je nach Alter eines Bockes lässt sich zu dieser Jahreszeit bereits wieder ein Gehörn im Bast – also unter Haut und Fell verdeckt – oder zumindest die Ansätze davon sehen.)»Mein« Reh ist also eine Dame. Es knackt und rumpelt noch einmal, und zwei weitere Rehe tauchen auf.

Jetzt ist mir klar: Hier steht eine Geiß beziehungsweise Ricke mit ihren beiden Nachkömmlingen vor mir. Das schließe ich aus dem Größenunterschied und der Reihenfolge ihres Auftrittes. Auch die Körperhaltung und der Gesichtsausdruck der Tiere lässt Rückschlüsse auf ihr Alter zu. Junge Rehe entsprechen schon ein bisschen dem sogenannten Kindchenschema: große runde Augen, auch »Lichter« genannt. Für mehr bleibt mir allerdings keine Zeit. Das Trio sichert kurz die Umgebung und springt dann hangaufwärts zurück in die Hecken. Ich sehe noch die weißen Spiegel (die langen weißen Haare) an ihren Hinterteilen, die sie»aufstellen«, wenn sie Gefahr wittern. Schnell greife ich zum Fernglas, um die drei vielleicht noch einmal erspähen zu können. Wenige Sekunden später sehe ich tatsächlich, wie sie weiterhin hochflüchtig Richtung Weinberge ziehen.

Auf dem Kamm des Hanges angekommen, verweilen die

Rehe einen kurzen Moment, und ich habe Zeit, die beiden Kitze genauer zu betrachten. Und weil die beiden mir ihr Hinterteil präsentieren, erkenne ich anhand der »Schürze« (ein Fellbüschel am Hintern), dass auch sie Weibchen sind.

Meine Gedanken schweifen ab: Ich empfinde es immer wieder als unglaublich, woran sich die Tiere gewöhnen und was sie dann letztendlich aus der Fassung bringt. Hunderte von Autos am Morgen stellen kein Problem dar, aber ein Fahrradfahrer, der nicht den üblichen Bewegungsmustern und Geräuschen entspricht, bringt die kleine Familie so in Aufruhr, dass sie ihr Versteck direkt neben dem Hochsitz aufgeben und die Flucht ergreifen.

Okay, sammle ich mich und fasse gedanklich zusammen, *Ricke mit zwei weiblichen Kitzen.* Würden sie noch näher bei mir stehen, könnte ich gegebenenfalls auch darüber nachdenken, ob und, wenn ja, welches der beiden Kitze ich erlegen sollte. Die Jagdzeit für Rehe endet in Rheinland-Pfalz mit dem 31. Januar. Das heißt, bis dahin habe ich als Jägerin noch die Möglichkeit, regulierend in den Bestand einzugreifen. Und das ist ein notwendiges und hilfreiches Mittel, den Nachwuchs für das kommende Jahr zu vermindern und damit die Zahl potenzieller Verkehrsopfer im Berufsverkehr, ebenso wie den möglichen Wildschaden beim Austreiben der Weinberge. Aber um diese Zusammenhänge wird es an späterer Stelle noch einmal genauer gehen.

Die Sonne kriecht nach und nach die Felder entlang und taucht die Hügel in sanftes Gold. Langsam werden auch die letzten Winkel beleuchtet und zeigen mir die morgendliche Realität: kein Rehwild da. Mein Trio hat sich mittlerweile zurück in die Hecken verzogen. Nach dieser kurzen Aufregung kehrt also wieder Ruhe ein, und ich bemerke jetzt erst, wie eiskalt meine Finger sind. Ich hauche mir in die Handhöhle und verfrachte die beiden Eisklumpen erst mal zurück in meine Jackentaschen. Einen kleinen Funken Hoffnung habe ich noch, dass ich vielleicht ein zweites Mal Glück habe und sich in meiner direkten Umgebung Rehwild zeigt. Aber mit dem Fortschreiten der Zeit erwacht auch die Gemarkung nach und nach zum Leben. Der weiße SUV der Pferdebesitzerin ist bereits röhrend über den Schotterweg gegenüber gefahren, und in weiter Entfernung kann ich die Frühaufsteher-Gassirunden des Tages verfolgen. Und damit meine schwindende Hoffnung.

Wenige Minuten später laufen die ersten Nordic-Walking-Damen den Feldweg entlang, und ich beschließe, für heute genug gefroren zu haben. Auch Henri scheint über diese Entscheidung und die Aussicht auf ein geheiztes Haus recht zufrieden zu sein.

Langsam sammele ich meine Ansitzutensilien zusammen und lasse dabei die letzten beiden Stunden Revue passieren. Auch wenn ich nichts erlegt habe, weiß ich doch jetzt, dass in unmittelbarer Nähe passende »Stücke«[1] sind, die ich mir bei nächster Gelegenheit noch einmal genauer anschauen werde, um dann zu entscheiden, ob vielleicht eines von ihnen erlegt werden sollte. Mit dem Gedanken »Nicht geschossen ist auch gejagt«, baume ich vom Hochsitz ab und starte zufrieden in einen neuen Arbeitstag im Weingut.

---

1 In der Jäger*innensprache steht »Stück« für ein Wildtier. Die Weidmannssprache ist eine über Jahrhunderte gewachsene, sehr bildliche Sprache, die das ausdrückt, was die Natur uns zeigt. Zudem wird die Jagd durchaus als Handwerk gesehen, wozu das Vokabular dann auch gut passt. »Stück« ist in jedem Fall keineswegs abwertend, sondern lediglich feststellend gemeint.

Was ist der Unterschied zwischen Jäger*in und Förster*in?

Jäger*innen haben eine Jagdscheinprüfung abgelegt und einen gültigen Jagdschein gelöst. Sie gehen in ihrer freien Zeit zur Jagd. Revierjäger*innen haben zusätzlich eine drei-jährige Berufsausbildung absolviert und gehen der Jagd als Beruf nach.

Förster*innen gehen dieser Tätigkeit (meist) als Beruf nach. Sie haben eine dreijährige Berufsausbildung absol-viert und/oder ein Studium.

Während Jäger*innen für den Wildbestand zuständig sind, kümmern sich Förster*innen um den Wald. Ihre Auf-gabe ist es, den Wald möglichst gesund zu halten, um das darin stehende Holz vermarkten zu können. Viele Förs-ter*innen haben einen Jagdschein.

 Februar

Schneeglöckchen

Unsere Hunde gehen normalerweise dreimal am Tag Gassi. Morgens die große Runde mit meiner Mutter, mittags die kleine Runde mit mir und abends in der Regel die große Auspower-Runde mit meinem Vater. Hinzu kommt aber noch die Mini-Runde vorm Zubettgehen. Wenn ich es genau nehme, also dreieinhalbmal am Tag. Da nimmt sich meine Mutter der beiden Rüden an, und ich gehe mit Tollpatsch-Stichelhaar Bestla und Dackeldame Henriette raus. Wobei »rausgehen« eine gnadenlose Übertreibung ist. Tatsächlich öffne ich kurz das Hoftor und sage »Hopp«, sodass die beiden Damen mit einem Satz in den Grünstreifen neben der Hofeinfahrt springen und sich dort noch einmal erleichtern können.

An einem Tag im Februar ist es dann so weit – ich entdecke im halbdunklen Grau-Schwarz des Grünstreifens ein paar weiße Flecken. Manchmal ist es falscher Alarm, und es handelt sich lediglich um ein achtlos weggeworfenes Papierchen von der angrenzenden Hauptstraße, aber irgendwann kommt ganz sicher die Zeit im Jahr, wo sie endlich da sind: die lieben ersten Schneeglöckchen!

Die Tatsache, dass sich nach Wochen und Monaten des Winters das erste Leben durchsetzen kann, erfreut mich jedes Jahr aufs Neue und jedes Jahr gefühlt ein bisschen mehr. Vielleicht liegt es daran, dass mir auch der Winter jedes Jahr länger vorkommt als der vorherige, lichtärmer und grauer als im Vorjahr. Mein Opa mit seinen über achtzig Jahren Lebenserfahrung bestätigt meine Wahrnehmung: »Ach, Shanna … Der Winter dieses Jahr nimmt gar kein Ende, und es ist nur dunkel und grau.« Und tatsächlich, wenige Tage später erklärt man mir im Radio, dass der gerade vergehende Winter tatsächlich länger und dunkler gewesen sei als der Durchschnittswinter, wenn er auch in Sachen Kälte den Namen »Winter« eigentlich gar nicht verdient.

Darum erfreut mich meine abendliche Schneeglöckchen-Entdeckung also ganz zu Recht. Denn sie ist eindeutig das Signal, dass nun langsam, aber sicher wieder Leben in die Natur kommt.

Auch im Hühnergehege bemerke ich die ersten Veränderungen bei meinem morgendlichen Kontrollbesuch. Die Sträucher zeigen die ersten zarten grünen Triebe, und aus dem Holunder tritt weißer Schaum aus. Der Hinweis, dass auch in ihn langsam die Lebenssäfte zurückkehren. Ich kenne dieses schäumende Phänomen auch von unseren Reben, die kurz vorm Austrieb »zu bluten« beginnen. So nennt man es, wenn die Pflanzensäfte aus dem Wurzelwerk zurückkehren in die überirdischen Teile der Pflanze. Dieses Ereignis ist bei den Reben allerdings definitiv später im Jahr zu verorten – je nach Witterung irgendwann im April.

Während meine Augen im Gehege hin und her wandern, entdecke ich auf dem Boden neben den Sträuchern eine Veränderung. Fast über Nacht haben die Hühner den Boden ihres Geheges mit Schnäbeln und Krallen umgegraben, dort, wo er nicht allzu fest ist. Außerdem haben sie kugelrunde Liegestellen »gebaut«, die sie zum Sonnen- und Sandbaden nutzen. Meine Theorie dazu? Ich vermute, dass nicht nur die heimische Pflanzenwelt gemerkt hat, dass wir uns Richtung Frühjahr bewegen, sondern auch die Insekten. Gelangweilt und gierig, wie meine Hühnerschar ist – oder vielleicht liegt es auch einfach in ihren Genen –, hat sie sich eifrig auf die Suche nach den neu zum Leben erwachten Insekten gemacht.

Ich lasse meine Gedanken schweifen: Unglaublich, dass ich die Hühner nun schon seit fast einem Jahr habe!

Ihre Voliere wurde vor bestimmt zwanzig Jahren von meinem Opa angelegt mit der Intention, darin Fasane zu halten. Glücklicherweise wurde das Gehege damals schon gut durchdacht geplant, sodass es nach oben hin gegen mögliche Fressfeinde, wie etwa Habicht oder Bussard, mit einem (fast) unzerstörbaren Netz gesichert ist. Zusätzlich ist der doppelte Zaun in der Erde vergraben, sodass ungebetene Gäste wie Steinmarder und Fuchs ebenso wenig eine Chance haben einzudringen. Die Fasane in der Voliere sind für mich, wenn überhaupt, nur eine sehr dunkle Kindheitserinnerung. Danach kam lange Jahre nichts.

Mit Beginn meiner Beziehung zu Simon änderte sich das. Mit ihm zusammen kamen die großen und vielleicht auch manchmal etwas verrückten Ideen in unser Haus.

Einer seiner ersten Einfälle war es, die Voliere wieder zu reaktivieren und darin, wie bereits Opa, Fasane zu halten. Gesagt, getan. In mehreren Tagen Hauruckaktion befreiten Simon und ein Kumpel das Gelände vom gröbsten Gestrüpp und kürzten über das Netz hängende Äste oder fällten ganze Bäume. Meine glorreiche Aufgabe als Kettensägen-Null – wahrscheinlich ein gesundes Maß an Selbsterhaltungstrieb – bestand darin, die abgesägten Äste aus dem Gehege herauszuziehen. *Und was ist mit den Fasanen geschehen?*, fragt ihr euch vielleicht. Wo doch jetzt Hühner in der Voliere leben ... Tatsächlich gehört der Fasan biologisch gesehen zur Ordnung der Hühnervögel (und das Huhn wiederum zur Familie der Fasanartigen – hä?!). Wenn ich also von Hühnern spreche, aber Fasane meine, wäre das rein theoretisch korrekt. Leider möchte ich aber gar nicht besserwisserisch rüberkommen – die Realität ist, dass wir aufgrund der Geflügelpest, die in einigen Teilen Deutschlands noch immer grassiert, von Plan A, Fasan, auf Plan B, Huhn, umgestiegen sind. Denn aufgrund der verschärften Haltungsbedingungen für Vögel, die vorsah, dass sie je nach Region nur noch in Innenräumen oder zumindest überdacht gehalten werden durften, machten sich die wenigsten Fasanenzüchter noch die Mühe, die Tiere auszubrüten und aufzuziehen, was wiederum in einer schlechten Verfügbarkeit von Fasanen resultierte. Hühner hingegen lassen sich recht gut indoor halten und sind darüber hinaus nützlich, während Fasane nur entweder für die Jagd oder wegen ihrer Ästhetik gehalten werden.

Es war meine Aufgabe, Hühner ausfindig zu machen beziehungsweise die Möglichkeit, welche zu kaufen. Ländlich, wie wir leben, gibt es im Dorf natürlich auch andere Hühnerhalter, die ich kurzerhand ansprach. Das Glück war mir hold, einer von ihnen hatte tatsächlich gerade einen Wurf (oder nennt man es Kette, Schlupf oder Gelege?) Hühner, von denen er einige abgeben wollte.

Wir warteten den letzten Frost ab, schnappten uns dann die alten Transportbehälter von Opa und besuchten unseren Hühnerhändler des Vertrauens. Der Deal war: freie Auswahl, Geschlecht unbekannt.

Das Verhältnis unter den Geschlechtern ist übrigens so eine Sache. In vielen Köpfen, ich nehme mich davon nicht aus, herrscht das Bild, *ein* Hahn und seine Hennen. Tatsächlich verträgt eine Gruppe je nach Rasse und Größe der Meute aber sogar mehrere Hähne. Das war bei unserer Auswahl allerdings völlig unbedeutend, da wir ja gar nicht wussten, welches der Junghühner Männlein oder Weiblein war. Wir mussten also auf unser Glück vertrauen und würden erst gegen Ende des Jahres herausfinden, wie viele Hähne wir gegriffen hatten.

Ich stellte mich also, ganz ladylike, vor das Gehege und suchte mein künftiges Federvieh aus. Simon übernahm den Part des Fängers. Schlappe zwanzig Minuten später hatten wir unsere zwölf Junghühner beisammen und fuhren die Bande in ihr neues Zuhause.

Wir trugen die Transportboxen in die vorbereitete Voliere und schoben langsam und gespannt die Türchen aus Pressholz auf. Verschreckt, wie die Neuankömmlinge waren, passierte erst mal nichts. Doch die Neugier siegte: Nach und nach kam ein Huhn nach dem anderen heraus, beäugte vorsichtig die neue Umgebung und scharrte hier und da auf dem Boden herum.

Simons Planung zu diesem Zeitpunkt war klar: Wir lassen die Hühner das Gehege sauber halten, sodass die Voliere nicht erneut verwilderte, haben den Sommer über Frühstückseier und im späten Herbst schlachten wir unser Dutzend Federvieh.

Wohlgemerkt hatte er seine Planung ohne mich gemacht. Es dauerte nur zehn Minuten, bis das erste Huhn einen Namen hatte. Fabi.

Wir hätten die Hühner auch von eins bis zwölf durchnummerieren können, das Ergebnis wäre für mich dasselbe gewesen: In meinem Kopf und mit meinen Wertvorstellungen ist es schlichtweg sinnlos, Massen von Tieren zu erzeugen und großzufüttern, ausschließlich mit dem Ziel, sie anschließend zu töten und zu verspeisen. In der komfortablen Situation, in der wir allesamt in Deutschland leben, ist das ein für mich überholtes Modell. »Bei uns« geht es nicht mehr ums blanke Überleben, und (fast) niemand nagt am Hungertuch, entsprechend ist eine 24/7 Fleischverfügbarkeit für die Existenzsicherung nicht mehr notwendig.

Daher war mein Plan ein vollkommen anderer: Unsere Hühner bleiben am Leben, und ich erfreue mich jeden Tag aufs Neue an ihnen und den Eiern, die sie legen, deren Herkunft ich ganz genau kenne und die ich guten Gewissens verzehren kann. Wenn ich vorher Eier gekauft habe, dann bio, immer mit dem Gedanken an die Würde und die Lebensbedingungen des Tieres, von dem mein Ei stammt. Die einzig sinnvolle Steigerung davon war für mich, eigene Hühner zu halten.

Abgesehen von diesem Aspekt bietet mir die gackernde Schar noch einen zweiten Vorteil: Freude! Denn jedes Huhn hat seinen ganz eigenen Charakter. Nehmen wir Fabi mit ihrem leicht gelblichen Federkleid, das zum Kopf hin rötlich wird. Henne Fabi war von Tag eins die Neugierigste der ganzen Gruppe. Wahrscheinlich ist das auch der Grund, warum sie eine der zutraulichsten Hennen ist. Sie war die erste, die sich von mir hat hochheben lassen, sie ist die, die regelmäßig auf die Futtertonne flattert und sich aus der Hand füttern lässt, und sie ist auch die erste (nach dem Hahn), die nachschaut, wenn sich etwas in der Voliere verändert hat. Dann wären da noch Gack-Gack und Duck-Duck – bitte keine Urteile über meine Namensgebung! –, deren Namen dem typischen Verhalten geschuldet sind, das sie an den Tag legen. Gack-Gack ist die erste Henne, die anfängt zu meckern, und auch die letzte, die aufhört. Und Duck-Duck ist eins der wenigen Hühner, das nicht wegrennt, wenn man sich von oben zu ihm hinunterbeugt – stattdessen duckt es sich. Mittlerweile musste ich feststellen, dass es sich bei der Duckerei um ein Verhalten handelt, das eigentlich dem Hahn vorbehalten ist und beim Treten (also Liebemachen) hilft. Beide gehören der Rasse Königsberger an, sind sich also optisch recht ähnlich, um nicht zu sagen gleich. Aufgrund ihrer Körperform könnten sie eigentlich auch Königsberger Klopse heißen.

Meine weißen Hennen haben keine Namen, weil sie so scheu sind, dass sie immer sofort verschwinden, wenn ich mich nähere. Nur einem Paar von ihnen habe ich Namen gegeben: Heribert und Schnipsi. Die hatten nämlich einen klaren Bonus: Während alle anderen noch Junghühner waren, die eigentlich nichts anderes machten, als uns die Haare vom Kopf zu fressen, waren Heribert und Schnipsi bereits im legefähigen Alter. Noch dazu legte Schnipsi wunderbar grüne Eier. Ihr merkt, ich spreche in der Vergangenheitsform von den beiden. Aber dazu komme ich an einer anderen Stelle.

Bleiben noch meine schwarzen (leicht weiß gesprenkelten) Hennen, die genauso wie die weißen keine Namen haben, weil sie schwuppdiwupp meistens weg sind, sobald ich das Gehege betrete. Lediglich eine komplett schwarze Dame habe ich Amsel getauft. Die kann ich als Einzige von den anderen unterscheiden. Einmal dank ihres Federkleides und dann aufgrund einer besonderen Eigenschaft: Stört man Hennen beim Legen, bleiben die meisten entweder stoisch sitzen oder rennen gackernd-meckernd davon. Nicht so Amsel: Sie dreht sich einfach eiskalt um und pickt mir in die Hand.

Last, but not least, bleibt mein Lieblingshahn Krabat – schön, stolz und superzutraulich. Ihn musste ich nach einer Greifvogelattacke zu Oma und Opa ausquartieren, damit er dort heilen konnte. Bei Hühnern gibt es nämlich ein Verhalten, das ich schmerzlich erfahren musste: Ist ein Artgenosse oder eine Artgenossin verletzt, verfallen sie in eine Art Blutrausch und picken unerbittlich auf das bereits geschwächte Huhn ein. Hatte mein Krabat den fremden Angreifer also noch einigermaßen gut verdaut, richteten seine werten Hennenkolleginnen ihn so arg zu, dass das Exil im großelterlichen Haus die einzige Überlebenschance blieb. Damit er nicht so allein war, gab ich ihm zwei Hennen mit.

Tja, und seit September haben Oma und Opa nun drei Hühner im Hundezwinger wohnen, denn was ursprünglich als Übergangslösung gedacht war, bis Krabat sich erholt hat, wurde schnell zur Dauerlösung. Auch wenn ich wöchentlich Bericht über die Krähaktivitäten des Gockels erhalte – »Kind, heute Nacht hat er siebzehnmal um halb eins gekräht und fünfzehnmal um drei Uhr« (die armen Nachbarn!) –, wissen meine lieben Großeltern die Qualität von täglich zwei frischen Hühnereiern doch sehr zu schätzen und kümmern sich liebevoll um den ungeplanten Familienzuwachs. Hofgang von morgens um acht bis mittags um zwölf sowie bei gutem Wetter auch nachmittags. Zusätzlich nutzt Opa die tägliche Hundegassirunde, die er mit der zwölfjährigen Drahthaardame Laika bewältigt, um für die Pflegekinder frisches Grün zu besorgen.

Zurück zu meinem Quell der Freude, der in seiner Sechshundert-Quadratmeter-Voliere sitzt. Mittlerweile haben wir sogar angefangen, selbst auszubrüten. Angefangen hat das als mein Geburtstagsgeschenk von Simon. Statt dass ich Rassehühner geschenkt bekam, wie ich es mir gewünscht hatte, durfte ich mir Eier von Rassehennen aussuchen, um sie selbst auszubrüten. Breit grinsend freute ich mich auf dieses Abenteuer. Und um es noch besser zu machen, sammelte ich über mehrere Tage hinweg alle Eier ein, die meine Hühner legten, sodass ich rund einhundert Eier zusammenbekam. Ziel war es, nicht nur die Rassehühner auszubrüten, sondern auch noch eine eigene »Nachzucht«, sodass sich Aufwand und Stromkosten des Brüters rechneten.

Nach meiner rund einwöchigen Sammlung platzierte ich alle Eier vorsichtig auf den Regalen im Brutschrank und verteilte Wasserschalen und -eimer, um die Luftfeuchtigkeit hochzuhalten. Dann schaltete ich den Schrank ein. Von da an hieß es für mich warten und die Luftfeuchtigkeit kontrollieren. Das Wenden der Eier übernahm glücklicherweise der Schrank. Simon und ich googelten den genauen Brut-Zeitplan, und ich trug die wesentlichen Termine sorgfältig in meinen Kalender ein. Schließlich wollte ich nichts falsch machen: einundzwanzig Tage im Vorbrüter mit Wenden. Dann sollte es in den Schlupfbrüter gehen, bei höherer Luftfeuchtigkeit ohne Wenden, sodass die Küken ausreichend Zeit hätten, ihre Schlupfposition zu finden und sich mithilfe des Eizahns durch die Schale zu kämpfen, um das Licht der Welt beziehungsweise des Brüters zu erblicken.

Die Brutzeit verging wie im Flug, und ich schaffte es kurz vor knapp, Aufzuchtfutter, Wärmelampen und Käfige zu besorgen, bevor ich am Tag einundzwanzig die Eier umziehen lassen wollte. Ich öffnete das Garagentor, wo die Schränke ihren Platz gefunden hatten, und wurde von einem seltsamen Geräusch überrascht. *Moment mal ... Sind das Mäuse?!*, war mein erster Gedanke, bis mir schlagartig bewusst wurde: *NEIN! Das sind meine Küken, die gerade im Vorbrüter schlüpfen – so ein Mist!*

Vielleicht versteht ihr die große Aufregung nicht, dazu ist wichtig, den Hauptunterschied zwischen den beiden Brütern zu kennen: Beim Vorbrüter liegen die Eier in offenen Regalen in einem recht großen Raum, bei verhältnismäßig niedriger Luftfeuchtigkeit. Der Schlupfbrüter hingegen ist kleiner und bietet eine höhere Luftfeuchtigkeit, sodass das Ei vom Küken besser aufgebrochen werden kann. Zusätzlich liegen die Eier in einer Art Käfig, sodass die geschlüpften Küken nicht herausfallen können. Im Vorbrüter dreht sich ein Ventilator, der die warme Luft gleichmäßig im Raum verteilt. Leider kann dieser Ventilator, wenn es schlecht läuft, genauso gut als Schredder dienen, wenn die Küken aus einem Meter Höhe darauf fallen sollten.

Ich schaute also *leicht* panisch durch die angelaufene Glasscheibe in den Brüter hinein und versuchte, meine Atmung zu kontrollieren – und mir fiel ein Riesenstein vom Herzen! Da saßen zwar tatsächlich zwei noch ziemlich nasse Küken auf dem Boden, allerdings *neben* dem Schredder. Beide waren, soweit ich es beurteilen konnte, wohlauf. Doch die Beruhigung war nur von kurzer Dauer. *Wer weiß, wie lange sie da so stocksteif sitzen bleiben und wie lange es dauert, bis die nächsten schlüpfen, und wer weiß, ob die dann genauso viel Glück haben.* Jetzt galt es, den Schlupfbrüter möglichst schnell in Gang zu bringen. In

Windeseile startete ich also den Schrank, kramte nach Pappe als Bodenunterlage und befüllte Wasserschalen für die Luftfeuchtigkeit. Als alles bereit war, öffnete ich den Schrank, um die beiden Frühstarter aus ihrer Todesfalle zu retten. So behutsam wie nur irgend möglich legte ich meine Hände um das kleine Bündel aus zwei nassen Mini-Küken und hob es aus dem Vorbrüter heraus. Zittrig und aufgeregt, wie ich war, standen mir die Tränen in den Augen. Wie durch ein Wunder war nach einundzwanzig Tagen aus einem *Lebensmittel* neues Leben entstanden, das ich gerade in diesem Moment in all seiner Verletzlichkeit in meiner Hand hielt. Das zarte Fiepen, das ich aus dem gelb beflaumten Schnabel hörte, machte es natürlich nicht besser. Mein Herz schmolz dahin. Mit meinen zitternden Händen setzte ich die kleinen Küken so vorsichtig wie möglich in den Schlupfbrüter, wo sie, so hatte ich es gelesen, die nächsten vierundzwanzig Stunden nutzen sollten, um zu trocknen und zu Kräften zu kommen.

Nach der erfolgreichen Rettungsaktion der beiden Frühchen setzte ich auch alle anderen Eier behutsam in den Schlupfbrüter. Einige kleine Schnäbel waren bereits durch den Eizahn gebrochen, in einigen fiepte es zaghaft. Ich lächelte in mich hinein. Glücklicherweise war für die beiden Kleinen alles gut gegangen, und ich konnte mit Spannung auf den Schlupf der restlichen fiependen Rasselbande warten.

März

Von Bambi und seinen Freunden

Jeder und jede hat ein Bild vor Augen, wenn man davon spricht. Ich würde sogar sagen, jeder und jede kennt es. Jeden Tag treffe ich es irgendwo in unserem Revier an. Und doch habe ich das Gefühl, dass wir sehr wenig über diese Tiere wissen. Darum möchte ich die Hauptwildart unseres Reviers ein wenig genauer vorstellen: das Rehwild.

Ich denke, am besten beginne ich am Anfang, oder besser gesagt, mit einer grundlegenden Unterscheidung: Rehe sind *nicht* die kleinen Geschwister des Hirsches oder der Hirsch einfach ein männliches Reh. Ganz, ganz wichtig! Rehe gehören zu den sogenannten Trughirschen, genetisch gesehen sind sie sogar näher mit dem Elch als mit unseren heimischen Hirschen verwandt.[2]

Rehe unterscheiden sich auch tatsächlich deutlich sichtbar

---

2 Hirsche in deutschen Wäldern gehören meist dem Rotwild, eine der größten Hirscharten, oder dem Damwild an. Letzteres ist für sein schaufelartiges Geweih bekannt und für seine Farbvielfalt, die von Hellbraun über Rötlich mit weißen Flecken (quasi Bambi in erwachsen) bis Schwarz reicht. Tatsächlich gibt es sogar gänzlich weiße Tiere, die mich immer an den Patronuszauber von Harry Potter denken lassen.

von den Hirschen, wenn man weiß, worin: So ein Rehlein ist zum einen eine ganze Ecke kleiner und leichter als sämtliche Hirscharten, die in Deutschland vertreten sind. Ich als normal große und normal schwere Frau mit mittlerer Sportlichkeit bekäme alle Rehe, die sich in unserem Revier bewegen, allein geborgen. Das heißt, das grob zwanzig Kilogramm schwere Tier bis zum Auto tragen, in eine Wanne legen, die Wanne ins Auto verfrachten und das Tier zu Hause an den Läufen aufhängen, um es weiterzuverarbeiten. Bei einem Hirsch wäre mir das in der Regel nicht möglich. Denn ein ausgewachsener Rothirsch in Deutschland kann gut und gerne einhundertfünfzig Kilo erreichen. Dabei handelt es sich übrigens um das sogenannte aufgebrochene Gewicht, von dem wir im jagdlichen Bereich sprechen. Es geht also nicht darum, wie viel ein (lebendes) Tier im Ganzen auf die Waage bringt, sondern wie viel das erlegte Stück wiegt, wenn man ihm die inneren Organe bereits entnommen hat, es also »aufgebrochen« ist.

Dann ist das Rehwild viel, viel häufiger anzutreffen als jegliche Hirscharten. Als Jäger oder Jägerin bemisst man das Vorkommen von Wild anhand der Jagdstrecke, zu Normaldeutsch: anhand der Exemplare, die in einem Jagdjahr und in einem bestimmten Gebiet erlegt worden sind. Klingt etwas makaber, aber tatsächlich zeigt das sehr deutlich: Je mehr Tiere erlegt, desto mehr Bestand. Nehmen wir zum Beispiel das Jagdjahr 2020/21: Am seltensten kam da in Deutschland das Damwild vor mit 66 547 erlegten Individuen, gefolgt vom Rotwild mit 76 458 Tieren. Dann kam erst mal lange nichts, und mit über 1,2 Millionen (!!) erlegten Tieren stand (und steht sicherlich noch) das Rehwild auf Platz eins. Keine andere Wildart ist dermaßen stark und flächendeckend in Deutschland vertreten –

und kann dementsprechend stark bejagt werden, was auch notwendig ist, aber dazu kommen wir später noch mal. Die gefühlt allgegenwärtigen Wildschweine standen mit »nur« 687 581 Tieren deutlich dahinter.

In unserem Revier treiben sich gar keine »echten« Hirsche herum, was unter anderem daran liegt, dass es ein Feldrevier ist. Und wo kein Wald, da kein geeignetes Domizil für Hirsche. Aber den Rehen scheint es zu genügen. Und darum haben wir eine ganze Menge Rehwild bei uns. So wird es wahrscheinlich auch bleiben, denn Rehe sind in der Regel standorttreu. Wenn sie sich einmal ihr Wohnzimmer eingerichtet haben, bewohnen sie es teilweise über mehrere Jahre.

Weibliches Rehwild bringt seine Jungen, die Kitze, von April bis Mai auf die Welt, ab diesem Punkt verteidigt Mama Reh peinlich genau ihr Revier gegen andere Ricken. Und Papa Rehbock bevorzugt, wie so oft im Tierreich, eine einzelgängerische Lebensweise. Lediglich im Winter kann ich beobachten, dass sich die Rehe zu größeren Notgemeinschaften zusammentun, sogenannte Sprünge, das können je nach Revierstruktur über fünfzig Tiere sein.

Bei meinen täglichen Fahrten zu den Hühnern traf ich aufgrund genau dieser Standorttreue beispielsweise über Monate immer wieder auf dasselbe Quartett an Rehwild, das sich für diesen Winter offenbar zu einem Sprung zusammengetan hat.

Rehwild gilt als sogenannter Konzentratselektierer, vereinfacht ausgedrückt, Rehe sind die Gourmets unter den Wildtieren. Nur die saftigsten und zartesten Triebe sind ihnen gut genug. Zum Jahresende, wenn das Laub sich färbt, wird es dünn mit dieser Kost, und das Reh stellt seine Ernährung auf Fastenzeit um. Der

Stoffwechsel fährt herunter, und sein Organismus kommt mit weniger wertigem Futter aus. Damit einhergehend sinkt auch die Aktivität der Tiere. Darum sollten die Wildtiere – denn das gilt nicht nur für Rehe – gerade in der Winterzeit möglichst wenig beunruhigt werden. Denn jede unnötige Aktivität kostet zusätzlich Energie, die ja gerade so knapp ist. Zusammengenommen mit dem Stressfaktor, stellt eine Störung der Tiere eine ernsthafte Gesundheitsgefährdung dar. Ich schiele hier unauffällig in Richtung Hundebesitzer*innen, mich eingeschlossen. Auch wenn der Hund die Rehe nicht jagt oder sich vielleicht gar nicht für sie interessiert: Das Reh wird oft bereits durch die blanke Anwesenheit eines Hundes beunruhigt. Ein nicht angeleintes Exemplar verstärkt diesen Effekt. Darum nutze ich die Gunst der Stunde und möchte an dieser Stelle eindringlich darum bitten: Auch wenn der Winter keine Brut- und Setzzeit ist, dankt es uns das Reh, wenn wir die Hunde trotzdem an der Leine führen.

Wenn dann im März die Tage endlich wieder sicht- und spürbar länger und heller werden, die Temperaturen langsam steigen und sich die ersten Frühlingsboten zaghaft ankündigen, sieht auch der Reh-Organismus endlich das Ende der Fastenzeit gekommen. Ich spreche hier konkret von diesem einen Tag, an dem scheinbar alle Rehe der Nation sich denken, »So, jetzt haben wir Frühling, Zeit, sich mal wieder den Bauch mit den ersten zarten Knospen vollzuschlagen! Ach ... Lasst uns das doch am besten dort machen, wo uns absolut jeder sieht.« Ich nenne ihn den »Frühlingsanpfiff«. Anders kann ich mir nicht erklären, wieso ich in dieser Zeit aus dem Rehegucken nicht mehr herauskomme, weil jedes grüne Stückchen Feld – beson-

ders gern nahe der Autobahn – mit mindestens ein bis drei
Rehen bestückt ist.

Neben der Sicht als Naturliebhaberin und Jägerin gibt es für
mich noch eine weitere Dimension, aus der ich das Thema
»Erwachen der Natur« genauestens beobachte: meine Arbeit als
Winzerin.

Im März nähern wir uns langsam dem Ende des Rebschnitts,
mit dem wir im November beginnen. Der Rebschnitt ist eine
rein manuelle Arbeit. Wir besuchen jeden einzelnen Rebstock
und schauen uns an, wie er in der Vergangenheit gewachsen
ist. Davon ausgehend, und ein bisschen von der Rebsorte und
ihrer Lage, entscheiden wir, was von ihm abgeschnitten wird
und welche ein bis zwei Äste, die Fruchtruten, wir stehen lassen
für das Wachstum im neuen Anbaujahr.

Und dann gibt es noch einen weiteren Faktor, der unseren
Rebschnitt beeinflusst: das liebe Rehwild! Als Feinschmecker im
Tierreich bevorzugt unser heimischer Trughirsch nämlich die
frischen, nährstoffreichen Weintriebe. Er scheint sogar, wenn
ich es über die Jahre richtig beobachtet habe, nach Rebsorte
und Anbauform zu unterscheiden. Aromatische Rebsorten, wie
zum Beispiel die Huxelrebe, stehen bei ihm wesentlich höher
im Kurs, genauso wie er Bio-Weinberge den konventionellen
vorzieht.

Als Winzer*innen in Rheinhessen besitzen wir nun kein rie-
siges Feld oder einen Weinberg, auf dem die Jahresernte wächst
und gedeiht, sondern typischerweise für diese Region mehrere kleinere Felder an unterschiedlichen Stellen, durchaus
über viele Kilometer verteilt, um verschiedene Weinberglagen
bewirtschaften zu können. In unserem Weingut verteilt sich die

gesamte Rebfläche rund um das Dorf in den knapp 600 Hektar Gemarkung, die zum Dorf gehören. Dies hat den Vorteil, dass wir kurze Anfahrtswege haben und somit weniger Sprit verbrauchen und Zeit verlieren. Außerdem lässt sich auf diese Weise das eigene Risiko minimieren: Wenn es an der einen Stelle mal zu geringeren Ernten oder gar Ernteausfall kommen sollte (Stichwort: Unwetter, Hagel), kann das von anderen Stellen aufgefangen werden.

Auf den drei Ebenen der Aspisheimer Gemarkung findet man unterschiedlichste Böden und in den verschiedenen Höhenlagen sogar unterschiedliche Mikroklimata.

Durch die unterschiedlichen Lagen der Weinberge gestaltet sich die Nachbarschaft bei jedem Weinberg individuell. Manche Felder liegen inmitten anderer Felder, andere grenzen an Kleingärten oder Hecken an. Manche an die Waldstücke der benachbarten Gemeinden. Abhängig von der Beschaffenheit der Nachbarschaft unterscheidet sich dementsprechend auch die Tierwelt je nach Weinberganlage. In einer Kleingartenanlage findet man beispielsweise weniger Wildtiere als in der Nähe von Hecken, Büschen oder Waldstücken. Im typischen Weinberg treiben sich zumeist kleinere Tiere herum wie Fasan, Rebhuhn oder Hase, in angrenzenden Hecken und Baumbeständen verstecken sich jedoch gern Rehe oder Wildschweine.

Wer also einen Weinberg an einer solchen Fläche besitzt, der noch dazu eine besonders schmackhafte Bouquetsorte trägt, muss davon ausgehen, dass der Austrieb mit Fraßschäden durch Rehwild einhergeht. Bei uns ist das die Huxelrebe mit ihren zarten, aromatischen Trieben. Unsere Huxelrebe befindet sich im sogenannten Tiergarten, wo der Name Programm ist. Denn der Weinberg liegt in einer kleinstrukturierten Ecke des Reviers, das heißt, er bietet eine Mischung aus Hecken, Büschen, Bäumen, gepaart mit Wildäckern, ein wenig Mais und Weinbergen. Deckung und Äsung oder Wohnen, Schlafen und Essen in unmittelbarer Nähe! Die perfekte Mischung, damit Wild sich wohlfühlen kann. Zu den Hochzeiten des Niederwildes war der Tiergarten darum ein Eldorado für allerlei Tierarten, sodass man dort auch noch heute einen verhältnismäßig hohen Bestand an Fasanen, Hasen und – für die Erzählung besonders wichtig – Rehen findet.

So stehen wir an dieser besonderen Ecke unserer Gemarkung jedes Jahr aufs Neue auf Kriegsfuß mit den dort lebenden Rehen. Ein bisschen teilen ist für uns okay, schließlich sollen die Rehe auch von etwas leben, aber gar nichts mehr zu ernten, weil sich unsere Gäste im Frühjahr den Magen zu vollgeschlagen haben, ist auch keine Alternative.

Wir können dem Fraßschaden ein wenig entgegenwirken, indem wir den Rebschnitt anpassen, heißt: Wir lassen zwei statt einer Fruchtrute stehen und beide ein wenig länger, sodass die Verluste kompensiert werden können.

Bis zu einem gewissen Grad kann man noch auf andere biologische Maßnahmen zurückgreifen, zum Beispiel könnte man Schafswolle in den Reben verteilen oder menschliches Schnitthaar. Durch den fremden Geruch sollen die Rehe vergrämt werden. Leider funktionieren diese Methoden nur in einem sehr begrenzten Rahmen. Bei einem sehr feuchten und regenreichen April wäscht sich der fremde Geruch zum Beispiel schnell weg, und die Rehe wagen sich doch wieder vor. Zudem verschiebt sich das »Problem« – die Rehe – möglicherweise lediglich auf andere Anbauflächen.

Ich denke, man kann unschwer erahnen, worauf es hinausläuft: Hier kommt die Jagd und damit das »Entnehmen« oder »Regulieren« der Bestände ins Spiel.

Mutter Reh setzt pro Jahr, je nach genetischer Veranlagung und Lebenssituation, ein bis drei Kitze in die Welt, was ein stetiges Wachstum der Population bedeutet. Würde man dies über Jahre hinweg einfach so geschehen lassen, hätte das Verschiedenes zur Folge.

Einmal wären die Rehe selbst die Leidtragenden, denn der Zustand der einzelnen Rehe in einer zu großen Population würde sich verschlechtern, weil nicht ausreichend hochwertiges Futter für alle verfügbar wäre. Das würde sich in geringerem Körpergewicht, geringerer Trophäenstärke und langfristig schlechterem Gesundheitszustand äußern. Damit wären die Rehe auch anfälliger für Krankheiten, Parasiten und Seuchen, die, falls die Tiere bereits geschwächt und nicht besonders immunstark sind, zum Tode führen könnten.

Außerdem lebt das Reh nicht mehr in einer grünen Blase. Seine heutige »Wildnis« ist eine Kulturlandschaft, durchzogen von Straßen und Bahnstrecken. Ist die Population zu groß, wandern schwächere oder jüngere Tiere ab, um sich ein neues Revier zu suchen. Die Wahrscheinlichkeit, dass dabei Straßen gekreuzt werden oder das neue Wohnzimmer nah an einer Autobahn liegt, ist hoch. Die Folge? Wenn es ganz schlecht läuft, treffen das Reh und euer Auto sich bei 80 km/h auf der Landstraße. Das kann für beide Seiten fatale Folgen haben.

Und dann wären auch wir Winzer und Winzerinnen von einer zu großen Rehwildpopulation betroffen, da die Fraßschäden immer stärker werden würden, um alle satt zu bekommen. Die Anlagen müssten bezäunt werden, was die Arbeitszeit und damit unsere Fixkosten deutlich erhöhen würde (mit einrechnen müssten wir nicht nur die Zeit für das Stellen, sondern auch für das Flicken der Zäune). Das wiederum führte entweder zu weniger Gewinn auf der Weinbauseite oder zu steigenden Preisen für die Konsumierenden. Wahrscheinlich beides.

Meine Argumentation spitzt sich zu: Das Jagen ist wichtig, bis hin zu notwendig, um die Negativszenarien zu verhindern oder zumindest einzudämmen. Was in der Theorie logisch und annehmbar klingt, bedeutet im echten Leben, dass ich zum ersten Mai im Tiergarten sitze, stets mit dem Ziel vor Augen, Rehe zu erlegen.

Wie bekommt man einen Jagdschein?

Der klassische Weg ist, beim örtlichen Landesjagdverband einen Kurs zu besuchen. In der Regel dauert die Ausbildung rund ein Jahr.

Ich habe meinen Jagdschein beim Landesjagdverband Hessen gemacht. Dort hatten wir die ersten Monate Theorieunterricht, der in der zweiten Hälfte des Jahres durch Schießtraining unter der Woche und am Wochenende ergänzt wurde.

Neben den einjährigen Kursen werden teilweise auch Wochenend- und Crashkurse angeboten, mit denen man das grüne Abitur schneller erlangen kann.

Die Prüfungsfächer sind deutschlandweit zwar einheitlich, die Schwerpunkte variieren je nach Region, genauso wie die rechtlichen Inhalte, weil jedes Bundesland ein eigenes Landesjagdgesetz hat. Darum unterscheiden sich auch die Prüfungen mitunter sehr. In einigen Bundesländern werden Multiple-Choice-Fragen gestellt, andere setzen auf offene Fragen – der Anspruch an die Schießprüfung ist mal höher, mal niedriger.

Aufgrund der unterschiedlichen Prüfungsansprüche existieren in einigen Bundesländern eigene Wirtschaftszweige, die davon leben, Schüler und Schülerinnen aus ganz Deutschland zum Jagdschein zu bringen.

Je nach Ausbildungsform und Angebot ist mit Kosten von mindestens 2000 Euro zu rechnen.

April

Wild im Herzen

Alles begann 2005, als ich eine Dokumentation zum Thema Fleischkonsum gesehen habe. Schon damals, als das Thema Klimawandel bei Weitem nicht so präsent war wie heute, wurde unser Konsumverhalten in Relation zur globalen Erwärmung gestellt. Grundargument, das in meinem Kopf hängen geblieben ist: Kühe pupsen Methan, und Methan ist dreißigmal klimaschädlicher als Kohlenstoffdioxid. Und Kühe müssen fressen, um zu wachsen. Das, was die Kühe fressen, die nur existieren, um geschlachtet zu werden, könnte der Mensch auch direkt verzehren und somit mehr Mäuler gestopft werden, als das Rindfleisch es kann.

Diese beiden Punkte waren für mich die schlagenden Argumente, um mit dreizehn Jahren zu entscheiden, dass Fleisch zu essen, egal, ob Rind, Schwein oder Hühnchen, nicht sinnvoll ist. Meiner Meinung nach brauchen wir keine Armeen von Nutztieren aufzubauen, nur um sie nach kürzester Lebensdauer zu töten und zu verzehren. Fleischkonsum ist eine individuelle Entscheidung, aber in der Form, wie er aktuell betrieben wird, sollte und kann es nicht weitergehen. Für mich spricht nichts gegen eine ganzheitliche Nutzung des Tieres oder gegen ausgewählten Fleischkonsum, sei es einmal die Woche oder zu Festtagen, aber die 24/7 Verfügbarkeit von Fleisch und Fleischprodukten zu jeder Speise sollte dringend ein Ende finden. Darum habe ich es einfach von heute auf morgen unterlassen. Dasselbe galt für mich für Fisch und Meeresfrüchte, aber da mir beides ohnehin nicht mundet, fiel mir dieser Verzicht überhaupt nicht schwer. Elf Jahre lang hielt ich mich an mein Credo: Kein Fleisch für Shanna. Lange hat es gedauert, bis auch meine Großeltern meine Entscheidung verstanden haben: »Nein, Oma Inge, auch die Fleischbrühe esse ich nicht, da hat die Kuh ja drin gebadet.« Da es bei uns zu Hause meist Fleisch zu Mittag gab mit Nudeln als Beilage, weil mein Vater die gute alte deutsche Kartoffel verschmäht, bedeutete das für mich: Ab sofort war meine Leibspeise Nudeln mit Pesto oder wahlweise Tomatensoße. Und das teilweise fünfmal die Woche (ich hatte herzlich wenig Interesse daran, mir extra etwas zu kochen). Kein Problem für mich. Bis zum heutigen Tag zählen Nudeln mit Pesto zu meinen Leibspeisen.

Die vielerlei schädlichen Dimensionen unseres weltweit exorbitanten Fleischkonsums lassen sich mittlerweile am eigenen Leib, in Form des Klimawandels und dessen schrecklicher Folgen, feststellen und detailliert in wissenschaftlichen Studien und der daraus resultierenden Berichterstattung nachvollziehen. Fleischkonsum ist nicht Klimakiller Nummer eins, aber er trägt im vielschichtigen Geflecht der heutigen Zeit definitiv dazu und zu weiteren Zivilisationsproblemen bei. Bereits vor einigen Jahren habe ich mich darüber in meinem Blog ausgelassen, und da meine Meinung heute wie damals gilt, möchte ich euch mein kleines Schriftstück für Teilzeit-Vegetarismus nicht vorenthalten.

Ich ess (meistens) Blumen – Warum (Teilzeit-) Vegetarismus richtig und wichtig ist

Samstagmorgen. Der wöchentliche Einkauf bei Rewe, Edeka oder wahlweise Aldi/Lidl steht an. Man kämpft sich mit einem Haufen anderer Leute durch die Gänge, um in den kommenden Tagen etwas auf den Tisch bringen zu können. Unweigerlich fällt dabei der Blick auf das immer größer werdende Regal der vegetarischen Fleischersatzprodukte. Auch der grüne Stempel, der vegetarische oder vegane Gerichte markiert, springt einem immer öfter ins Auge. Kein Zweifel: Wo Angebot und Nachfrage die Auswahl im Supermarktregal regeln, sieht man: Vegetarismus ist in der Mitte der Gesellschaft angekommen, raus aus dem Reformhaus, rein in den Discounter.

Mit steigender Anzahl an vegetarischen Produkten verstärken sich (gefühlt) die Grabenkämpfe zwischen verschiedenen Gruppierungen. Sei es zwischen 99-Cent-Ja!-Salami-Esser*innen und Ich-kenne-meine-Kuh-beim-Namen-Konsumierenden oder zwischen Vegetariern und Veganerinnen, die Vegetarismus nicht für konsequent genug halten. Zeitgleich haben ausgelutschte Sprüche à la »Vegetarier essen meinem Essen das Essen weg« oder »Vegetarier ist das indianische Wort für ›zu dumm zum

Jagen‹«" immer noch Hochkonjunktur. Die Fronten scheinen verhärtet. Alle möchten bei ihrer Doktrin bleiben. Aber wer hat recht? Es ist Zeit, sich mit den Argumenten *für* Vegetarismus auseinanderzusetzen!

Fleischkonsum ist Mord und ethisch fragwürdig

Ja, ich starte direkt mit der Moralkeule (bitte trotzdem weiterlesen!). Tierschutzorganisationen nutzen häufig sehr drastische Beispiele, um das Tier–Metzger–Konsumierenden-Verhältnis zu beschreiben. Begrifflichkeiten wie »Mörder«, »Henker«, »Schlächter« bis hin zu Holocaust-Vergleichen werden mehr oder weniger sachlich genutzt, um das Thema zu emotionalisieren.

Im Kern töten wir Tiere, oder lassen sie töten, um anschließend ihre Körper zu verspeisen. Ich gebe offen zu: Nur an manchen Tagen befremdet mich diese Vorstellung. Weil wir den Bezug verloren haben. Eigentlich aber ist es schwer nachvollziehbar, wie man so kaltherzig mit fühlenden und denkenden Wesen umgehen kann, um sie teilweise dreimal täglich zu verspeisen, ohne überhaupt noch zu verstehen oder zu bedenken, was man da eigentlich konsumiert. Dass ein oder gar mehrere Tiere ihr Leben lassen mussten.

Diese Entfremdung der Konsumierenden in Bezug auf das Tier erachte ich als schwierig. Wenn man Fleisch konsumiert, sollte einem klipp und klar sein, was man da tut und in welchem Zusammenhang es steht.

Ein Großteil der Fleischproduktion stammt aus Massentierhaltung, in der Tiere als Ware betrachtet werden, nicht als soziale Lebewesen mit Emotionen und Schmerzempfinden. Bei einem Leben in der Massentierhaltung wird den Tieren nahezu alles vorenthalten, was ihrer natürlichen Lebensweise entspricht. Zusätzlich werden sie in einem sehr jungen Alter gewaltsam getötet.

Fleischkonsum zerstört den Planeten

Hoher Fleischkonsum ist der größte Verursacher schädlicher Treibhausgase. Eine Studie der FAO (Food and Agriculture Organization), der Lebensmittel- und Ernährungsorganisation der UN, kam zu dem Ergebnis, dass die Viehhaltung (eingeschlossen Milch- und Eierproduktion) für 14,5 Prozent aller globalen Treibhausgase verantwortlich ist. Neuere Studien gehen sogar von einem Anteil von rund 30 Prozent aus. Aufgrund des steigenden Bedarfs an tierischen Produkten gehen Schätzungen von 50 bis 80 Prozent bis zum Jahr 2050 aus. Eine rein pflanzliche Ernährung könnte die Treibhausgase um rund 80 Prozent pro Kopf vermindern.

Die Nutztierhaltung fördert außerdem die Abholzung des Regenwaldes: 80 Prozent der Bäume im Amazonasgebiet werden für den Futtermittelanbau gerodet. Damit einhergehend wird der Lebensraum vieler Pflanzen, Tiere und Insekten zerstört, was zu einer Verringerung der Artenvielfalt führt.

[...] Hinzu kommt eine starke Verschmutzung des Grundwassers durch die Exkremente der Tiere. Daneben verbraucht die Produktion von Fleisch und anderen tierischen Produkten selbst sehr viel Wasser. Allein für *ein* Kilogramm Rindfleisch werden 15 500 Liter Wasser benötigt!

Und das, wo aktuell 800 Millionen Menschen weltweit keinen Zugang zu sauberem Trinkwasser haben. Die UN schätzt, dass diese Zahl in den nächsten zehn Jahren auf 1,8 Milliarden ansteigen könnte.

Fleischkonsum ist ungesund

Der hohe Fleischkonsum ist eine der Hauptursachen verbreiteter Zivilisationskrankheiten wie Übergewicht, Diabetes, Herz-Kreislauf-Erkrankungen, zu hohe Cholesterinwerte und sogar Krebs. Zahlreiche Studien haben diese Zusammenhänge nachgewiesen. Besonders verarbeitetes Fleisch, das durch Salzen, Pökeln, Räuchern oder Fermentieren haltbar gemacht wird, wie Schinken oder Würstchen, wird als »krebserregend« eingestuft, unverarbeitetes rohes Fleisch als »wahrscheinlich krebserregend«.

Ein weiteres Problem in der Massentierhaltung und dessen direkte Folge für den Menschen ist der großflächige Einsatz von Antibiotika, der nötig ist, um die Verbreitung von Keimen in den engen Stallungen einzudämmen. Dabei fördert die häufige Antibiotikagabe das Bilden von resistenten Keimen. Diese resistenten Keime können auf unterschiedlichen Wegen die Verbraucher und Verbraucherinnen erreichen.

2016 wurden über 1200 Tonnen Antibiotika in der Tiermedizin eingesetzt. Das ist doppelt so viel wie in der Humanmedizin. Herausfordernd ist außerdem, dass sogenannte Reserve-Antibiotika genutzt werden, die eigentlich für Sonderfälle in der Humanmedizin reserviert sein sollten, wenn nichts anderes mehr hilft.

Nach einer Beprobung von Putenfleisch durch den BUND sind 88 Prozent des im Discounter zu erwerbenden Fleisches mit resistenten Keimen belastet, die somit direkt die Gesundheit der Konsumierenden gefährden können.

Fleischkonsum verursacht Hunger

870 Millionen Menschen leiden laut UN weltweit an Hunger. Durch den Konsum von Fleisch und anderen tierischen Produkten gehen wertvolle Nahrungsmittel einen verschwenderischen Umweg über die »Nutztiere«. Nur etwa zehn Prozent der Proteine und Kalorien, die an das Tier verfüttert werden, nehmen Menschen in Form von Fleisch oder anderen tierischen Produkten wieder auf.

Weltweit werden 83 Prozent der landwirtschaftlichen Nutzfläche für den Futtermittelanbau oder Weideland für die Tierhaltung genutzt. Dabei werden allerdings nur 18 Prozent der Kalorien und 37 Prozent der Proteine erzeugt, die der Mensch zu sich nehmen muss. Hinzu kommt, dass Tierfutter häufig in Monokulturen angebaut wird. Diese tragen kurzfristig zu einem hohen Ertrag bei, schaden langfristig jedoch dem Nährstoffgehalt des Bodens und machen ihn somit anfälliger gegenüber Witterungseinflüssen. Auch die Futterpflanzen selbst sind nach einigen Jahren anfälliger für Krankheiten.

Und jetzt?

Nach diesen vielen schlagenden Argumenten gegen Fleischkonsum und auch gegen den Verzehr tierischer Produkte generell bleibt die Frage, wie man selbst damit umgehen soll.

Die Deutsche Gesellschaft für Ernährung (DGE) empfiehlt einen moderaten Fleischkonsum von 300 bis 600 Gramm pro Woche, die deutsche Bevölkerung isst deutlich mehr. Im

Jahr 2017 nahm jeder und jede Deutsche im Schnitt 1,15 Kilogramm Fleisch pro Woche zu sich.

Das Schlüsselwort ist also »Reduktion«! Wie viel oder wenig Fleisch und tierische Produkte man konsumieren möchte, bleibt jedem selbst überlassen, jedoch dürfte klar sein, dass es weniger werden sollte: unserem Körper, der Umwelt und den Tieren zuliebe.

Natürlich wäre kompletter Vegetarismus oder sogar Veganismus eine tolle Lösung, allerdings kann man auch in kleinen Schritten beginnen, weil jeder Schritt zählt!

Es ist wichtig, dass wir als Konsumierende uns informieren und unsere Marktmacht sinnvoll nutzen. Das heißt:

- Fleischkonsum (und auch Fisch!) reduzieren. Der Sonntagsbraten sollte wieder zum Sonntagsbraten werden, also eine Mahlzeit für besondere Tage.
- Auf die Herkunft des Fleisches achten: Wie sind die Haltungsbedingungen? Lieber seltener Fleisch essen und dafür ein paar Euro mehr ausgeben und wissen, woher das Tier kommt und wie es behandelt worden ist.
- Regional kaufen: Macht euch schlau, woher euer Fleisch kommt. Unterstützt die örtlichen Metzgereien oder Jäger und Jägerinnen. Regional bedeutet zwar nicht immer unbedingt bio, aber kurze Transportwege sparen CO_2 und sind deshalb wichtig fürs Klima.
- Finger weg von Billigfleisch! Die Kausalkette ist logisch: Ein geringer Preis im Discounter (oder Supermarkt) bedeutet Sparen beim Bauern, Sparen in der Verarbeitung, ergo schlechtere Bedingungen für die Tiere (mehr Tiere auf kleiner Fläche, hoher Antibiotikaeinsatz).

- Finger weg von Discounterwild! Dieses »Wild« ist oftmals nicht wild und hat viele Tausend Kilometer auf dem Buckel. Die lokalen Wildhändler und Wildhändlerinnen oder Jäger und Jägerinnen können euch durchaus besser bedienen.

So wie es vegetarische Produkte in (fast) jeden Supermarkt geschafft haben, kann auch Billigfleisch aus selbigen verbannt werden. Wenn keine Nachfrage seitens der Kunden und Kundinnen besteht, wird das Angebot vermindert – dessen sollten wir uns einfach bewusst sein. Und das ist doch ein gutes Gefühl, oder?

Ich möchte mit meiner Meinung nicht belehren oder jemanden bekehren, sondern lediglich zeigen, dass es nicht nur Schwarz oder Weiß gibt, sondern eine Menge Grautöne dazwischen. Also nicht nur Fleischesser*in oder Veganer*in. Das ist zumindest meine Einstellung dazu. Ich stelle mir das ein bisschen wie eine Diät vor: Radikale Diäten taugen nichts, denn sie sorgen nur für den berühmten Jo-Jo-Effekt. Besser fährt man mit einer kontinuierlichen Umstellung, in der die neue Ernährungsweise nach und nach zur Gewohnheit wird. Dieses Vorgehen kann man dann auch auf den gesamten Lebensstil hin zu mehr Nachhaltigkeit anwenden. Dabei beobachtet man Schritt für Schritt die eigenen Gewohnheiten, überlegt sich, was man daran ändern möchte, welche Alternativen für einen persönlich akzeptabel und damit wirklich umsetzbar erscheinen, und setzt diese letztendlich um. Sobald ein Puzzleteil zur Gewohnheit geworden ist, kann man sich auf die Suche nach dem nächsten begeben.

Ich denke, wir sollten aufhören, immer nur eine Variable im Fokus zu haben, und stattdessen damit beginnen, ganzheitlicher zu denken. Womit wir bei einer Begrifflichkeit angekommen sind, die mir viel besser gefällt als der aktuell so viel gebrauchte und leider auch missbrauchte Begriff »Nachhaltigkeit«. Ich spreche lieber vom »ganzheitlichen Lebensstil«, indem wir also immer versuchen, das große Ganze im Blick zu behalten.

Mein Weg zu dieser Erkenntnis war eher zufallsbedingt, um ehrlich zu sein – und vor allem hätte ich nie gedacht, ausgerechnet dort auf ihn zu stoßen, wo er mir letztendlich begegnet ist.

2013 startete ich mein Studium in Internationaler Weinwirtschaft an der Hochschule in Geisenheim. Im sechsten Semester stieß ich auf einen Aushang, der den Jagdschein als Abendkurs anbot. In Anbetracht der Tatsache, dass meine Familie voll mit Jägern ist, dachte ich bei mir: Besser haben als brauchen, und schrieb mich für den Kurs ein.

Im Nachhinein die beste Entscheidung meines Lebens.

Über ein Jahr ging ich abends zweimal in der Woche zum Theorieunterricht, mittwochs Büchse- und am Wochenende Schrotschießen. Ich lernte, dass Jagd mehr ist als das, was man nach außen sieht. Die kleinen und großen Zusammenhänge in Wald und Flur. Was man tun kann, um Wildarten zu fördern und gegebenenfalls zu lenken, um Verbiss, also das Abbeißen von Knospen, Blättern oder Zweigen, zu vermeiden. Und wie die Artenvielfalt bewahrt werden kann. Ein Aspekt der Jagd, der meiner Meinung nach von ihren Vertretern viel zu wenig nach außen getragen wird.

Auch klar war: Irgendwann würde ich mein erstes Tier erlegen – und dann würde ich es auch essen. Erlegt werden die Tiere aus verschiedensten Gründen, deren Fleisch aber einfach zu verwerfen, wäre ja komplett bescheuert. Sinnvoll ist, möglichst viel von dem Tier, das sein Leben gegeben hat, zu verwerten. Das war der neue rote Faden, den ich ab da für mich verfolgte, und er ist es bis heute. Für mich persönlich ist der Konsum von Wild die ethisch vertretbarste und nachhaltigste Form des Fleischkonsums. Man könnte mich also eine Flexitarierin nennen. Ich verzichte auf konventionell hergestelltes Fleisch und esse ab und an Wild, so, wie ich gerade Lust habe und es für mich verfügbar ist. Das heißt in der Realität, dass ich locker mal einen Monat vegetarisch esse oder mal drei Tage am Stück Wildschwein.

Jagd hat vielerlei Gründe und Motive. Falls ihr Jäger oder Jägerinnen kennt, fragt sie, warum sie auf die Jagd gehen. Wenn ihr zwanzig Menschen fragt, werdet ihr zwanzig verschiedene Antworten erhalten.

Oftmals werden als Beweggründe das Naturerlebnis genannt, die Entschleunigung oder, besonders bei Frauen, die Arbeit mit Hunden. Wahrscheinlich kommt euch auch die Trophäe, also das Geweih an der Wand, in den Sinn. Das ist jedoch ein weitverbreitetes Klischee, das gar nicht so sehr der Realität entspricht. Die meisten Menschen, die auf die Jagd gehen, sehen die Trophäe lediglich als Erinnerungsstück an die Geschichte und das Erlebnis, das damit verbunden ist.

Neben diesen persönlichen Motivationen gibt es allerdings auch handfeste Argumente für die Jagd:

Blickt man sich in der grünen Zunft etwas aufmerksamer um, trifft man immer wieder auf ehemalige Vegetarier oder Vegetarierinnen, die es auf einmal nicht mehr sind. Das hängt ganz klar mit dem Argument zusammen, dass man durch die Jagd ein Lebensmittel erhält, das an Regionalität und Nachhaltigkeit schwer zu übertreffen ist. Wildtiere werden weder gezüchtet, noch fristen sie ein Leben in Massentierhaltung, sodass ihr Fleisch nicht von Antibiotika und Co. belastet ist. Sie ernähren sich von den Pflanzen, die in ihrem Lebensraum vorhanden sind, und belasten damit nicht unmittelbar die Umwelt und werden unerwartet und damit angstfrei vom Jäger oder der Jägerin erlegt. Bis dahin aber hat das Tier ein freies, wildes Leben gelebt. Wildfleisch ist darum sogar für viele ehemalige Vegetarier oder Vegetarierinnen bedenkenlos zu konsumieren, da die Argumente, die gegen den Fleischkonsum sprechen, beim Wildfleisch gar nicht zum Tragen kommen.

Weiterhin haben sich die Verhältnisse, dem Menschen sei »Dank«, verschoben. Blicken wir zum Beispiel auf das mir vertraute Rehwild: Die Anzahl natürlicher Feinde des Rehs hält sich in Deutschland stark in Grenzen. Je nach Umständen kann man Fuchs, Luchs und Wolf dazuzählen. Jedoch ist die Dezimierung vonseiten dieser Feinde bei uns in Rheinland-Pfalz bisher überschaubar.

Aktuell gibt es rund 2,5 Millionen Rehe in Deutschland. Jäger erlegen jährlich rund eine Million Tiere. Die Anzahl an Rehen (und Wildtieren allgemein) erhöht sich in unserem Land stetig aufgrund verschiedener Faktoren. Durch diese höhere Anzahl an Tieren und gleichzeitig ein geringes Maß an Feinden steigen die negativen Auswirkungen auf den Lebensraum der Tiere. Jede Kulturlandschaft (wir haben in Deutschland keine Wildnis mehr) verträgt nur eine gewisse Wilddichte (diese ist abhängig von verschiedenen Faktoren). Je mehr Individuen, desto mehr Stress um Reviere und Nahrung und desto schlechter die Lebensqualität und Gesundheit aller.

An die Stelle natürlicher Feinde treten darum die Jäger und Jägerinnen und vermindern die Zahl der Tiere durch die gezielte Entnahme von vor allem kranken und schwächeren Tieren, sodass die stärkeren überleben und ihre Gene weitergeben können.

Jährlich fallen rund 200 000 Rehe dem Straßenverkehr zum Opfer. Besonders bei uns im Rhein-Main-Gebiet ist die Straßen- und Schienendichte enorm hoch, sodass das Wild oftmals gezwungen ist, solche »Todesstreifen« zu überqueren. Bei zu hohen Tierpopulationen werden diese Streifen öfter überquert, und Tiere laufen Gefahr, angefahren oder gar überfahren zu werden. Oftmals sind die Tiere nicht sofort tot, sondern müssen durch einen sogenannten Fangschuss vom Jäger oder der Jägerin erlöst werden. Teilweise werden die verletzten Tiere vorher noch aufwendig gesucht, da sie sich schwer verletzt weiterschleppen. Durch eine von Menschenhand angepasste Wilddichte, also eine Zahl an Tieren, die weder zu hoch noch zu niedrig ist, können viele Wildunfälle vermieden werden. Nicht nur im Straßenverkehr, sondern auch im Wald.

Denn egal, wie süß Bambi und Co. auch aussehen (Bambi ist übrigens kein Reh, sondern ein Weißwedelhirsch-Kalb), sobald es zu viele von ihnen gibt, entstehen Schäden.

Ich möchte beim Beispiel der Rehe bleiben: Wir wissen ja schon, dass Rehe Konzentratselektierer sind, sich also die Rosinen rauspicken. Das heißt konkret: Rehe stehen auf knackige, frische Triebe. Die finden sie bevorzugt an jungen Bäumen oder im Fall unseres Reviers an jungen Weinbergen. Wenn nun die Population zu groß wird, werden zu viele frische Triebe gesnackt, und es entstehen ernsthafte Schäden.

Das bedeutet für den Wald, dass junge Bäume schlecht oder gar nicht wachsen, und für uns Weinbauern, dass die Ernte kleiner oder ganz ausfällt, weil die lieben Rehe den Wein schon in Knospenform geschmaust haben. Beides kann in unserer Kulturlandschaft, wo Existenzen auf Wald-, Wein- oder Ackerbau beruhen, keine Alternative sein. Und so sorgt eine angemessene Wilddichte dafür, dass die Schäden vertretbar bleiben und trotzdem genügend Tiere unterwegs sind.

Im Forst wird aktuell sogar darüber diskutiert, möglichst gar keine Rehe und gar kein Rotwild mehr im Wald zu haben, mit der Argumentation, dass so die Bäume nicht verbissen würden und besser wachsen könnten. Das würde zu vermehrter Bindung von Kohlenstoffdioxid führen und so den Klimawandel bekämpfen.

Für mich klingt diese Argumentation wie ein Märchen, das sich hoffentlich nicht bewahrheitet. Alles sollte sein Gleichgewicht haben. Für mich persönlich geht dementsprechend nur Wald MIT Wild.

Weiterhin sorgen zu hohe Wildtierpopulationen dafür, dass einzelne Tiere schlechter ernährt und anfälliger für Krankheiten sind, sodass Seuchen entstehen und sich schneller verbreiten können, genauso wie Parasiten. Durch die Bejagung einzelner Tiere und somit die Verminderung der Gesamtzahl lässt sich die Verbreitung von Krankheiten und Seuchen regulieren.

Besonders bedrohlich ist die Afrikanische Schweinepest, die

sich aktuell in Europa ausbreitet und sowohl Schwarzwild- als auch Hausschweinbestände befällt. Damit könnte sie wirtschaftliche Schäden in Milliardenhöhe für Deutschland bedeuten.

Auch Krankheiten, die für unsere lieben Vierbeiner gefährlich werden können, wie Staupe oder auch Räude, verbreiten sich durch zu hohe Wildpopulationen. Ein Argument, weshalb die Bejagung von Füchsen oder auch Waschbären dringend nötig ist.

Der Waschbär gibt ein weiteres Stichwort für ein wichtiges Thema innerhalb der Jagd, die sogenannten Neozoen: invasive Arten, die vom Menschen in Ökosysteme eingeführt wurden, in die sie gar nicht gehören.

Populäre Beispiele dafür sind Waschbär, Marderhund, Asiatischer Marienkäfer und Ochsenfrosch, um nur einige zu nennen. Die eingeschleppten Tiere besetzen eine Nische, die eigentlich schon von einem anderen Tier besetzt ist, das nun schlechtere Überlebenschancen hat, wie der europäische Marienkäfer gegenüber dem Asiatischen oder das europäische Eichhörnchen gegenüber dem Grauhörnchen (bisher nur in Großbritannien). Eine neue, invasive Art kann außerdem ein bestehendes Gleichgewicht in unserem Ökosystem zerstören. So wie Waschbär und Marderhund, die zusätzlich zum Fuchs und Dachs unser Niederwild, unsere Bodenbrüter und Singvögel bedrohen und mit ihrem unstillbaren Hunger weiter die Bestände bereits bedrohter Arten mindern.

Die Jagd ist hier ein wichtiger Gegenspieler, um invasive Arten in Schach zu halten. Nur so ist es möglich, gefährdete Tiere, Insekten und Vögel auf Dauer in ihren angestammten

Ökosystemen zu erhalten und somit die Artenvielfalt zu erhalten und zu fördern.

Womit ein fließender Übergang zum letzten und vielleicht wichtigsten Punkt geschaffen ist: Die Jagd fördert und schützt die Biodiversität. Um den Wirkungsgrad der Jagd auf die Artenvielfalt zu zeigen, dient der Feldhase in vielen Studien und Abhandlungen als Zeigertierart. Seine Population lässt sich im Gegensatz zu Vögeln relativ einfach zählen, weshalb man Eingriffe und Änderungen in seinem Lebensraum sehr gut validieren kann. Der Feldhase, nicht zu verwechseln mit dem Wildkaninchen, ist einer der großen Verlierer unserer modernen Landwirtschaft. Früher gab es viele kleine Felder, sodass der Hase, wenn das eine Feld geerntet wurde, Schutz im nächsten Feld suchen konnte. Heute sind die Flächen größer und wenig unterschiedlich, sodass innerhalb kürzester Zeit kilometerweite Flächen geerntet werden und der Feldhase weder Schutz noch Nahrung findet. Eine weitere Folge aus unserer heutigen Landwirtschaft ist, dass es weniger Grünstreifen und wilde Ecken gibt, in denen sich besonders für den Hasen wichtige Wildkräuter heimisch fühlen, die er zum (Über-)Leben benötigt. Ein dritter Negativfaktor der heutigen Zeit ist die Anzahl von Prädatoren. Unzählige Beutegreifer haben es auf den Hasen abgesehen, und es werden immer mehr. Denn während der Hase durch die Veränderung unserer Landschaftsstruktur nur Nachteile erfährt, haben Kulturfolger wie Fuchs oder Waschbär beste Lebensbedingungen und können ihre Population vergrößern. Zudem wurden Füchse seit 1991 systematisch mittels Impfköder gegen Tollwut immunisiert, sodass sie als dezimierender Faktor zusätzlich entfallen.

Wir Menschen haben durch unser Handeln das ausgewogene Ökosystem in eine Schieflage gebracht, die wir als Jäger und Jägerinnen ausgleichen können, und zwar durch intensive Bejagung der Prädatoren. Nur so haben Feldhase und Co. eine Chance zu überleben, da an allen anderen möglichen Stellschrauben nicht mehr gedreht werden kann oder zu langsam Veränderung eintritt.

Das von Jagdgegnern und -gegnerinnen oft genannte Argument, Fuchs- oder auch Waschbärbestände würden sich selbst regulieren, hat leider auch eine Kehrseite. Denn die viel beschworene Selbstregulierung funktioniert über Krankheit, Hunger und Parasitenbefall. Was alles einen wesentlich langsameren und qualvolleren Tod nach sich zieht als ein gezielter Schuss. Hinzu kommt, dass insbesondere Füchse die Zivilisation als Nahrungsgrundlage entdeckt haben. Das heißt, bis wir zu dem Punkt der Überpopulation kommen, weil nicht mehr ausreichend Nahrung vorhanden ist, und somit zur Selbstregulierung, wäre wahrscheinlich auch der letzte Bodenbrüter und das letzte Vogelgelege im hungrigen Schlund eines Beutegreifers gelandet. Wir können uns solche weitreichenden Verluste nicht leisten und müssen deshalb in dieses hausgemachte Problem eingreifen.

Für all diese Umweltprobleme gibt es keine Universallösung. Stattdessen besteht die Rettung unserer Erde aus vielen kleinen Lösungen, die zusammen ein Gesamtwerk ergeben, da bin ich mir sicher. Ich habe für mich die Jagd als einen kleinen Teil dieser Lösung gefunden und versuche in unserem Revier und auch mit meinem Konsum so weit wie möglich »richtige« und nachhaltige Entscheidungen zu treffen.

Bockjagd

Der Erste Mai. Mein Leben lang hat dieser Tag schon eine besondere Bedeutung für mich. Aber nicht, weil ich in einem schwer politischen Haushalt aufgewachsen bin und wir den *Tag der Arbeit* gefeiert haben.

Der Erste Mai war Familientag.

Meine früheste Erinnerung an diesen Tag ist, dass meine Familie gemeinsam mit einer befreundeten Familie aus der Nachbarschaft zelten war. Nicht auf einem Campingplatz mit Wohnmobil und Kinderanimation. Nein, wir campierten stolze 1000 Meter vom Dorf entfernt. Der Vater der befreundeten Familie besaß nämlich ein Grundstück am Dorfrand. Eine Parzelle mit einer Grünfläche, in der Mitte ein kleiner Weiher, das Ganze umringt von Bäumen. Eigentlich war es nur Grillen und gemeinsames Übernachten auf einer Wiese, aber für mich fühlte es sich an wie der Ausflug des Jahres. Es klingt vielleicht lächerlich, aber für uns Kinder war es das Eintauchen in eine ganz andere Welt.

Schon in den Tagen vorm Ersten Mai gab es ein wildes Wuseln im Haus, schließlich musste für den »großen« Campingausflug alles vorbereitet sein.

Endlich dort angekommen, konnten wir Kinder tun und lassen, was wir wollten, um uns herum pure Wildnis – zumindest hat es sich so angefühlt –, die Hunde mit dabei und eintausend Möglichkeiten, die auf uns warteten. Als wäre es gestern gewesen, habe ich noch die Hasenfalle im Kopf, die der Nachbarsjunge und ich gebaut haben: eine alte Weinsteige, eine Holzkiste mit Weingutaufdruck, in der man früher den Wein verkauft hat, die mit einem Stock aufgestellt war. Im Inneren der Kiste Löwenzahn als Köder. Der Jagderfolg blieb jedoch – wer hätte es gedacht? – aus.

Und das ausgerechnet an diesem Tag! Denn eigentlich, und das war auch der Grund, warum mein Vater als passionierter Jäger etwas nervös war während unseres Ausflugs, findet am Ersten Mai noch etwas anderes statt.

Das Jagdjahr beginnt zwar erst am ersten April eines jeden Jahres, aber die tatsächliche Jagd in Rheinland-Pfalz startet zum Ersten Mai. Ab dann dürfen Böcke und Schmalrehe, also einjährige weibliche Rehe, die noch keine Mütter sind, bejagt werden. Ein Event, dem viele Jäger und Jägerinnen entgegenfiebern. So werden in den Wochen vorm Ersten Mai eifrig und unermüdlich Hochsitze repariert und geputzt, Hecken zurückgeschnitten, Pirschwege, also die Wege zum Hochsitz, gemäht und alles bereit gemacht für den Jagderfolg.

Für dieses Jahr habe ich mir die drei Hochsitze rund ums Hühnergehege ausgeguckt. Wobei zwei davon eher Leitern sind, also einfache Holzgestelle (manchmal sind sie auch aus Metall), die weit weniger bequem und viel zugiger sind als ein richtiger Hochsitz.

Zuallererst geht's darum, den Pirschweg sauber zu halten, sodass man sich dort ohne knacksende Äste und raschelndes

Laub bewegen kann. Bei den beiden Leitern ist darüber hinaus leider noch etwas mehr zu tun. Nachdem sich im letzten Jahr die Sicht im Tiergarten schon als nicht allzu ergiebig gezeigt hatte, schwant mir schon, dass ich die Hecken dort ein wenig würde stutzen müssen. Daher packe ich Motorsense und Motorsäge in den VW-Bus und gurke los. Ich muss gestehen, so richtig viel Revierarbeit habe ich in dieser Richtung noch nicht gemacht, dementsprechend blauäugig gehe ich auch an die Sache heran. Passende Kleidung? Ach was ... Das dauert doch nur zehn Minuten, da lohnt sich das Umziehen gar nicht. Also gehe ich los zum Heckenschneiden mit meinen ausgelaufenen schwarzen Chelsea-Boots, einer Leggins und meinem schwarzen Oversize-Pullover. Spontan springt mir gerade die Unfallverhütungsvorschrift in den Kopf. Sollte ich hier überhaupt erzählen, dass ich derartig (nicht) ausgestattet eine Kettensäge in die Hand genommen habe? Wohl besser nicht.

An der ersten Leiter angekommen, packe ich meine Utensilien aus und prüfte die Situation: genau so, wie ich es erwartet habe. Gras und sonstiger Bewuchs um den Sitz herum passen noch einigermaßen, allerdings sind die Hecken direkt an der Leiter im letzten Jahr noch mal ganz schön in die Höhe geschossen. Ich muss mindestens den Holunderbusch direkt vor dem Sitz einkürzen und vielleicht auch noch ein wenig die Wildrose daneben. Es wäre schon praktisch, nicht nur die Schneise geradeaus einsehen zu können, sondern wenn auch ein Blick nach links möglich wäre. Und da war doch letztes Jahr dieser Obstbaumast, der mir tierisch auf die Nerven gegangen ist, weil ich im wichtigsten Moment nicht alles einsehen konnte. Ja, der muss definitiv auch weg.

Ich greife also zur Säge und streife den orangefarbenen Kettenschutz ab, drehe sie in der Hand und überlege, wie das noch mal mit dem Kaltstart war. Ratlos ziehe ich ruckartig an dem Griff samt Schnur. Und noch mal. Und noch mal. Ohne Erfolg.

Mein Blick wandert zu dem Schalter links, der Gashebelsperre. *Irgendwas war doch damit,* überlege ich fieberhaft. Simon hat mir das mal gezeigt. Es gibt eine Stellung, in der nichts passiert, eine für den Kaltstart und eine für den normalen Start. Bevor ich noch mehr Zeit vergeude, wähle ich den Weg des geringsten Widerstandes – und rufe Simon an.

Dreißig Sekunden später schnurrt die Motorsäge, und ich kann den störenden Ästen zu Leibe rücken. Nur irgendwie war die ganze Aktion in meiner Fantasie wesentlich einfacher und weniger anstrengend. Ich habe schlichtweg nicht bedacht, wie schwer so eine Motorsäge wird, wenn man sie für mehr als zehn Sekunden mit ausgestreckten Armen auf Schulterhöhe halten muss. Wenn die Muskelkraft schwindet, muss die Hecke halt etwas niedriger eingekürzt werden. Ein Kompromiss, mit dem ich leben kann.

Als der Holunder direkt vorm Sitz endlich die passende Höhe hat, lege ich die Säge beiseite und erklimme die Holzstiegen, um die neue Aussicht zu prüfen. Das Ergebnis ist leider ernüchternd. Zwar stört der Holunder nicht mehr, aber der Blick nach links, Richtung Dorf, ist noch immer sehr eingewachsen. Also klettere ich wieder vom Sitz herunter, fahre mit dem rechten Handrücken über meine Stirn und streiche damit Dreck und Schweiß beiseite. *Dann muss ich wohl noch mal ran,* denke ich zerknirscht und viel weniger motiviert als zu Beginn. Ich stapfe vor den Hochsitz und ziehe am Starter, immerhin legt die Motorsäge direkt los. Schon leicht zittrig vor Anstrengung nehme ich das orangefarbene Ungetüm nach oben und bewege das Sägeblatt in Richtung der auserkorenen Hecke.

Soweit es mir möglich ist, schneide ich zurück, was mir unter die Kette kommt. Parallel verfluche ich mich und die Wahl meines Outfits, da es mich an jeder Stelle pikst, wo sich die Dornen ihren Weg durch den dünnen Baumwollstoff suchen. Auch meine Frisur verteufele ich: Es gibt nichts Unpraktischeres, als den Kopf voller Filz zu haben, der Dornen scheinbar magisch anzieht. Aber letztendlich muss ich mich auf den althergebrachten Spruch beziehen: Wer schön sein will, muss beim Heckenschneiden halt mal leiden.

Nachdem ich einen weiteren Teil der Hecke eingekürzt habe, entscheide ich, dass eine übersäuerte Armmuskulatur in Kombination mit einem motorbetriebenen Sägegerät kein gutes Duo ist, und befinde, vollkommen außer Atem und dezent keuchend, dass mein Sichtfeld absolut ausreichend für den Ansitz ist.

Ich lasse mich ins Gras fallen und überlege, ob ich mir nun wirklich noch den Aufriss geben soll, den Pirschweg mit der Motorsense frei zu mähen. Dafür spricht auf jeden Fall, dass ich mir weniger Zecken einfange, mich danach nicht von Kletten befreien muss und lautlos zum Sitz komme. Dagegen spricht … Nun ja, dass das Sägen gerade schon anstrengend genug war. Ich merke, dass das nicht mal vor mir selbst eine gute Ausrede ist. Also raffe ich mich auf und tausche die Kettensäge gegen die Motorsense.

Immerhin: gleicher Hersteller, gleiches Funktionsprinzip, das dürfte einfacher gehen, zumindest in Sachen Start. Ich lege das lange Ungetüm vor mir auf die Wiese und ziehe mit Schwung am Starter.

Und wieder.

Und wieder.

Und wieder.

Nichts.

Mein Blick wandert über das Gerät. So etwas wie eine Gashebelsperre oder überhaupt irgendeine Art Knopf gibt es gar nicht. Also einfach noch mal ziehen. Außer dass ich schon wieder aus der Puste bin, kann ich keinen Erfolg verzeichnen, und jetzt reicht es mir auch. Ich sattele die Motorsense und trotte zurück zum Auto. Immerhin, die Sicht ist gerettet, den Weg durch das hohe Gras werde ich schon überleben.

Nach diesem grandiosen Erlebnis in Sachen Leiterfreischneiden entscheide ich mich, die Strategie zu ändern: Wenn ich es allein nicht hinbekomme, bitte ich eben um Hilfe. Zwei Tage später fahren wir in Kolonne zur zweiten Leiter, die Pflegebedarf hat, Shanna im VW-Bus, dahinter unser großer alter Fendt-Schlepper samt Anhänger mit zweien unserer Weingutmitarbeiter.

Ich bin wirklich sehr froh, Hilfe dabeizuhaben. Die Hecke hier ist wesentlich höher und eine Sicht von der Leiter gar nicht mehr möglich. Die Fläche ist bestimmt drei auf sechs Meter groß und dazu weit über zwei Meter hoch. Da hätte ich allein gar nichts ausrichten können.

Der erste Mitarbeiter greift zur Motorsense und beginnt das gleiche Starterspektakel wie ich zwei Tage vorher – nur mit vielleicht etwas mehr Schwung. Er zieht und zieht und zieht. Wieder passiert nichts. Der zweite Mitarbeiter geht einen Schritt näher an die Sense heran und drängt den Kollegen beiseite. Frei nach dem Motto: »Weg da, du machst das nicht richtig.« Aber auch er bleibt mit seinen Bemühungen erfolglos.

Die beiden schauen erst sich gegenseitig, dann mich ratlos an. Ich zucke nur die Schultern und bin froh, dass es offensichtlich nicht allein an meinen (mangelnden) Fähigkeiten liegt, dass der Pirschweg am Tiergarten wuchern darf. Nach einigem Hin und Her und viel Geziehe springt die Motorsense letztendlich gluckernd, holprig an. Der Mitarbeiter greift sich das Gerät und schwingt es todesmutig über seinen Kopf, um damit die Hecke zu stutzen. Ich staune nicht schlecht – aber wenn es funktioniert, gern. Das Thema »Freischnitt« ist damit für mich beendet, und es kann losgehen Richtung Bockjagd.

Zahlen und Fakten

Aufenthalt pro Monat im Revier: 41,3 Stunden verbringen Jäger*innen insgesamt pro Monat im Revier. Auf jede Jagdstunde kommen 38 Minuten Hege.

Jährliche Ausgaben pro Person: Die rund 403 000 Jäger*innen in Deutschland investieren zusammen 1,8 Milliarden Euro pro Jahr in die Jagd. Die höchsten Ausgaben werden durch Pacht beziehungsweise Möglichkeiten, jagen zu gehen, verursacht, gefolgt von Pkw und Infrastruktur sowie Reviereinrichtungen wie beispielsweise Hochsitze.

Zum Start der Jagd gehört auch, dass man herausfindet, wo welche Rehe zu Hause sind, und man sich überlegt, was die Jagdmotivation ist: Jagt man an besonders wildschadengefährdeten Stellen, ist man auf der Suche nach einer starken Trophäe oder möchte man vielleicht den Bestand an stark befahrenen Straßen vermindern? Kurzum: Jeder Jäger und jede Jägerin arbeitet in Deutschland wochenlang auf diesen Tag hin. Und nach Ansitz wird diese Jagd in vielen Revieren mit einem gemeinsamen Grillen und Umtrunk zelebriert.

Mein Vater hatte für unseren Familienausflug dieses große Event uns Kindern zuliebe ausgelassen und stattdessen unsere hoffnungslosen Hasenfang-Versuche mitangeschaut. Noch heute: Danke dafür!

Seitdem ich meinen Jagdschein habe, hat der Tag auch für mich diese ganz besondere Bedeutung. Als junge Jägerin, die viel in den sozialen Medien unterwegs ist, kann ich sagen, dass man das Ende des Aprils auch ohne Kalender gut feststellen kann und nicht Gefahr läuft, den Ersten Mai als Jagdauftakt zu verpassen. Denn dann gibt es die ersten Erlegerfotos zu sehen, also ein Bild vom Jäger oder der Jägerin plus erlegtem Tier, oft mit Waffe in der Hand und letztem Bissen, ein Zweig, der dem Tier quer oder der Länge nach ins Maul gelegt wird. Traditionell ist ein solcher letzter Bissen dem männlichen Wild vorbehalten und gilt als Respektbekundung des Jägers oder der Jägerin vor dem erlegten Wild. Aber auch bei der Jagd sind wir fortschrittlicher geworden, und so findet man mittlerweile den letzten Bissen auch bei erlegten weiblichen Tieren.

Aber zurück zu den sozialen Medien und ihrer ungewollten Kalenderfunktion: Neben den Erlegerfotos werden auch Storys geteilt, die eine weitere Prä-Bockjagd-Tätigkeit abbilden: das »Böcke bestätigen«. Dabei handelt es sich um Beobachtungen von Jägern und Jägerinnen, wo welche Böcke in ihrem Revier wohnen. Sie erkennen das an sogenannten Plätzstellen, also an

Orten, an denen die jungen Böcke das Revier markieren, indem sie mit ihren Vorderläufen in den Boden schlagen, oder an Fegestellen, »Wunden« an Büschen und Bäumen, die durch das Reiben oder Schlagen des Gehörns entstehen, um die Geweihhaut zu lösen. Dazu setzen sich die Beobachtenden nur mit einem Fernglas »bewaffnet« auf den Hochsitz und warten ab, wer vorbeikommt. Oder aber sie stellen Wildkameras im Revier auf, das ist natürlich ein bisschen bequemer. Auch ich weiß gern, was in meinem Revier los ist, und hänge selbst Wildkameras auf. Allerdings bedeutet mir das »Böckebestätigen« nicht besonders viel, da ich nicht auf große Trophäen aus bin. Und eigentlich mag ich auch gerade das Überraschungsmoment am Ersten Mai so sehr, wenn sich mir erst dann erschließt, welcher Bock in welcher Ecke wohnt.

Für mich liegt der Schwerpunkt des Jagens eher an Stellen, wo wir beziehungsweise unsere Berufskollegen und -kolleginnen Wildschaden haben oder wo im vergangenen Jahr besonders viele Wildunfälle passiert sind. Dem Fleisch, das ich am Ende esse, ist es nämlich egal, wie groß das Gehörn war, das es umhergetragen hat, genauso wie meiner Wohnzimmerwand, an der die Trophäe am Ende hängen wird. Für mich zählt die Erinnerung an den Moment und das Produkt, nicht das Gewicht des Knochens an der Wand.

Übrigens, auch wenn ich hier die ganze Zeit von Böcken spreche – das Erlegen eines Schmalrehs ist für mich genauso eine Option. Zudem bringt es den Vorteil mit sich, das Geschlechterverhältnis auszugleichen.

Wie alle Jäger und Jägerinnen in Deutschland arbeiten auch wir nach einem sogenannten Abschussplan, also einem Plan, der vorgibt, welche Tiere und wie viele wir erlegen dürfen beziehungsweise sollen. Ziel ist, mehr weibliche als männliche Tiere zu erlegen, da die Damen maßgeblich für die Reproduktion sind.

Den Bock erkennt man rund ums Jahr recht leicht als solchen, bei dem weiblichen Reh ist es ein wenig komplizierter, da Alter und Familienstand nicht auf den ersten Blick erkennbar sind. Das ist allerdings besonders wichtig, denn für die Damen, die bald Kitze zur Welt bringen oder schon gebracht haben, gilt der Mutterschutz. Es ist sogar eine Straftat, ein Muttertier zu erlegen, das ein abhängiges Jungtier führt. Um den Ersten Mai herum lassen sich Schmalrehe, die man bejagen darf, noch recht gut erkennen, da sie zumeist schon im strahlend rostroten Sommerkleid dastehen, während die noch tragenden Geißen in der Regel das gräulichere Winterfell tragen.

Zurück zu meinem Ersten Mai: Es bedarf innerlich immer eines gewissen Maßes an Überwindung, den Hintern zur nachtschlafenden Zeit zum Morgenansitz aus dem Bett zu bewegen. Also steht meine Entscheidung meist fest: Ich schaue abends nach den lieben Maiböckchen.

Natürlich gehe ich nicht unvorbereitet auf den Ansitz. Da meine Waffe seit März ruhen durfte, ist es wichtig, einen Probeschuss zu machen. Ich prüfe damit, ob die Büchse noch genau da hinschießt, wohin sie schießen soll, damit später, wenn ich auf ein lebendes Tier ziele, die Kugel das Reh möglichst schnell und schmerzlos tötet. Darum packe ich auch mein Fernglas ein und eine Zielscheibe, ausgedruckt auf Papier. So kann ich mein Schussergebnis besser bewerten.

Ich öffne also den Waffenschrank und suche mir die Büchse

im Kaliber .270 Winchester heraus. Nicht zu groß und nicht zu klein, genau passend für die Ansitzjagd auf Rehe. Das Kaliber .270 ist übrigens eines der weltweit gängigsten. Es ist ein amerikanisches Kaliber. Die Zahl drückt aus, dass die Kugel der Patrone einen Durchmesser von 0,27 Zoll hat. Multipliziert mit dem Faktor 25,4, ergibt das einen Metallbatzen mit 6,8 Millimeter Durchmesser.

Wenn dir mal nichts mehr einfällt, was du mit einem Jäger oder einer Jägerin reden sollst, fang einfach eine Kaliberdiskussion an, indem du in den Raum wirfst, dass das Kaliber XY das beste oder wahlweise schlechteste auf dem Markt sei. Mit Kalibern ist es nämlich ein bisschen wie mit Hundefutter oder Kindererziehung: Jeder und jede meint, er oder sie wisse es am besten.

Für mich gilt das Credo meines Vaters: »Es muss funktionieren.« Solange die Wirkungskraft also tödlich ist und ich gut damit umgehen kann, ist es mir schlussendlich relativ wurscht, welches Kaliber ich verschieße.

Ich packe die Büchse in das grüne Futteral, eine Art Reisetasche für die Waffe. Dann fische ich einen Schlüssel aus dem Tresor und hüpfe die sechzehn Stufen in den Keller hinunter. Dort steht, solange ich denken kann, im hinterletzten Zimmer ein abschließbarer Schrank voll mit Munition, passend für alle Waffen in unserem Haushalt und für alle möglichen Jagdgelegenheiten. Von meinem Vater stammt das Motto »Besser haben als brauchen«, das ich für etliche Lebenslagen übernommen habe, dementsprechend erschlagen wird man beim Öffnen des Munitionsschranks von der schieren Menge an bunten Verpackungen in unterschiedlichen Größen und mit verschiedensten Bezeichnungen.

Die Jagd ist organisch gewachsen, und das überall auf der Welt. Ein gewisses Maß an Internationalisierung ist im Laufe der Jahre zwar eingetreten, dennoch existieren am Markt verschiedene Bezeichnungen für ein und dieselbe Sache. Beispiel gefällig? Flintenmunition – für mich ein Quell unendlicher Freude während der Jagdscheinausbildung.

Grundsätzlich unterscheidet man zwischen Büchse, also einer Waffe, aus der mit einer dicken Kugel geschossen wird, die das Wild aufgrund der entstehenden Verletzung tötet, und Flinte, die mit vielen kleinen Kügelchen bestückt ist, dem sogenannten Schrot. Dieses tötet über die flächige Schockwirkung auf den Wildkörper. Wie auch bei Patronen für die Büchse gibt es bei Schrotpatronen verschiedene Kaliber.

Das Kaliber beschreibt den Durchmesser der Patrone, die in der Regel nur in den dafür vorgesehenen Lauf passt. Das können Zahlen wie 12, 16 oder 20 sein, die sich daraus ergeben, wie viele gleich große Kügelchen aus einem britischen Pfund Blei, also 453,6 Gramm, gegossen werden können, um den Durchmesser zu erreichen. Jagt man also mit dem Flintenkaliber 12, könnten aus einem britischen Pfund Blei zwölf gleich große Kugeln gegossen werden.

Allerdings ist nicht nur der Durchmesser von Bedeutung, sondern auch die Länge der Patrone. Diese Längenangabe gilt für den abgeschossenen Zustand und kann ebenfalls verschieden sein, zum Beispiel 65, 67,5 oder auch 70 Millimeter.

Die Patrone muss das zur Flinte gehörige Kaliber haben, sonst passt sie teilweise nicht in den Lauf. Falls doch, kann sie sich bei Schussabgabe jedoch nicht richtig öffnen und damit eine Gefahr für Schütze, Schützin und Umwelt darstellen.

Als wären das nicht schon genug Zahlen, kommt dazu noch

die sogenannte Grain-Zahl – eine weitere Einheit, in diesem Fall für das Gewicht. Die Wahl der Schrotkorngröße ergibt sich aus der zu bejagenden Tierart.

Allerdings wäre es für die Jägerschaft zu einfach, das Ganze schlichtweg in Gramm oder Durchmesser anzugeben, stattdessen hat sie sich ein zusätzliches Zahlensystem überlegt. Schrot Nummer eins bedeutet, dass das einzelne Korn einen Durchmesser von vier Millimetern hat, während Schrot Nummer vier einen Durchmesser von 3,25 Millimetern aufweist.

Bei der Auswahl seiner Flintenmunition muss man also all dies einigermaßen im Kopf parat haben und berücksichtigen, *und* wissen, dass es im Ausland schon wieder ganz anders sein kann – sollte man auch hier einmal in die Verlegenheit kommen zu jagen (oder zumindest darüber zu sprechen). Sucht man den Begriff »Grainangabe Schrot-Tabelle«, landet man schnell auf Seiten, die tabellarisch die verschiedenen landeseigenen Maßeinheiten miteinander ins Verhältnis setzen.

Lange hat es gedauert, bis ich mich in diesem Dschungel zurechtgefunden habe, und ich muss zugeben, bis heute ist das Internet bei Unklarheiten mein bester Freund. Aber zumindest für die Waffen, die ich das Jahr über regelmäßig benutze, bin ich mit allem so vertraut, dass ich das rote Päckchen auf mittlerer Höhe auf der linken Seite des Schranks blind greifen kann. .270 Munition. Dann verschließe ich den Schrank wieder und bringe den Schlüssel zurück in seinen sicheren Safe.

Auf dem Weg zur Haustür schnappe ich mir das Futteral samt Büchse. Ich streife mir meine grüne, flauschige Ansitzjacke über, damit alles so ist, wie es auch am Abend des echten Ansitzes sein wird. Im Hof suche ich mir noch einen Karton, auf den ich die Zielscheibe kleben kann.

Ich schwinge mich in den VW-Bus und fahre hoch »auf den Berg«. Damit ist das Plateau oberhalb des Dorfes gemeint, wo ich geplant habe, meinen Probeschuss zu machen. Ich bin darauf bedacht, dass weit und breit keine Fußgänger oder Fahrradfahrerinnen unterwegs sind, denn selbst wenn ich mit meinem Schuss natürlich niemanden gefährde, möchte ich auch niemanden unnötig erschrecken.

Heute habe ich Glück: Es ist windig, grau, feucht und bewölkt, sodass sich keine Hundebesitzer*innen nach hier oben wagen. Am Hochsitz angekommen, schnappe ich mir meinen Karton und gehe mit großen Schritten einhundert Meter geradeaus, vom Hochsitz weg. Auf dem Weg sammele ich ein paar große Erdbrocken, um meinen Karton damit an seinem Ziel zu beschweren. Noch ein Gang zurück zum Auto, um die Büchse aus ihrem Futteral zu holen. Ich hänge sie mir über die Schultern, klemme den Gehörschutz ums Gewehr, packe die Munitionspackung in meine Jackentasche und hänge mir das Fernglas um den Hals.

Dann mache ich mich erneut auf den Weg zum Sitz. Ich klettere die Leiter langsam und bedächtig Schritt für Schritt nach oben.

Oben angekommen, schließe ich die Tür auf. Langsam dreht sich der Riegel im Inneren des Sitzes, und mit einem trockenen Knarzen öffnet sich die Tür. Der Hochsitz ist mit Teppich ausgekleidet, um jede Bewegung darin möglichst geräuscharm zu gestalten. Zu meiner Linken befindet sich eine Liege mit Schlafsack, falls man hier oben übernachten möchte. In der Mitte steht die schmale Sitzbank, ebenfalls mit Teppich bezogen, die meine Position für den Probeschuss sein wird.

Ich nehme Platz und stelle die Büchse mit einem dumpfen Geräusch rechts neben mir auf dem Teppichboden ab. Auf der Liege drapiere ich das restliche Gepäck. Vorsichtig beuge ich mich nach vorn über den Tisch, der gleichzeitig als Fensterbank dient, und öffne das Fenster, das zur Zielscheibe hinzeigt. Beim Griff an den Haken kommt mir eine Motte erschreckt entgegengeflattert. Immerhin nur eine Motte ... In so einem Holzkonstrukt ist nach dem Winter alles möglich.

Wie auf den meisten unserer Hochsitze steht auch hier auf dem Fensterbrett ein mit Sand gefüllter Sack als Unterlage für das Gewehr. Er bewahrt die Büchse vor Schlägen und garantiert mir eine sichere Position für meinen Probeschuss. Ich knete und boxe mir den Sandsack zurecht. Bevor ich es vergesse, setze ich mir noch meine Kopfhörer auf. Die Meinungen über Gehörschutz gehen in Jagdkreisen übrigens weit auseinander. Ich persönlich schieße nicht ohne, da mir mein Gehör über den Jagderfolg geht. Mag sein, dass ich das ein oder andere dadurch verspätet oder verfälscht wahrnehme, aber dafür hoffe ich mich auch im Alter meines Vaters und Großvaters noch unterhalten zu können, ohne meine Schwerhörigkeit kaschieren zu müssen. Außerdem hat sich in diesem Bereich in den vergangenen Jahren viel getan. Längst gibt es den sogenannten aktiven Gehörschutz, der laute Geräusche dämpft, aber leise verstärkt.

Endlich lege ich das Gewehr auf, blicke durch das Zielfernrohr und orientiere mich erst einmal, wohin genau ich schaue. Mittig ist der grasbewachsene Feldweg, rechts und links davon Acker. Nicht umsonst heißt das Areal hier »Platte«, mehr als plattes Ackerland hat dieser Bereich des Reviers fast nicht zu bieten. Im Zielfernrohr befindet sich ein Fadenkreuz, das sogenannte Absehen. Heutzutage gibt es die vermehrt auch in leuchtender Variante, mit deren Hilfe der oder die Jagende im Zielfernrohr einen roten Laserpunkt generieren kann. Da ich aber die Waffe und auch das Zielfernrohr meines Vaters nutze, ist da nichts mit Beleuchtung, weil beide vermutlich älter sind als ich. Für die recht unkomplizierte Bejagung unseres Rehwildes ist das aber auch absolut zweckdienlich.

Ich richte mich ein, indem ich die Ellenbogen auf das Fensterbrett stütze, mit der rechten Hand das hintere Ende des Gewehrs, den Hinterschaft, stabilisiere und die Schaftkappe in die Mulde unterhalb des Schlüsselbeins und der rechten Schulter drücke. Es ist wichtig, dass der Hinterschaft gut in der Schulter liegt, da das Gewehr sonst beim Schuss »tritt«, also der Rückstoß des Schusses mir in den rechten Schulterbereich haut. Das gibt blaue Flecken und tut weh. Gleichzeitig greife ich mit der linken Hand den Vorderschaft und fahre mit dem Daumen über das riffelige Muster im Holz.

> Als Schaft bezeichnet man den gesamten Holzteil eines Gewehrs. Der Hinterschaft ist der Teil, der Richtung Mensch, der Vorderschaft der Teil, der Richtung Ziel zeigt.

Jetzt, wo ich so sitze, wie ich sitzen möchte, blicke ich erneut durch das Zielfernrohr und bringe den Karton samt Zielscheibe ins Bild.

Ich atme tief durch und konzentriere mich, um das Fadenkreuz genau auf die Mitte der Zielscheibe zu bringen. Mit Zeige- und Ringfinger taste ich vorsichtig nach dem Stecher. Es gibt deutsche und französische Stecher, beide verringern den Abzugswiderstand und verhindern so, dass das Gewehr bei der Schussabgabe verreißt. Der deutsche Stecher ist ein zweiter Abzug hinter dem eigentlichen Abzug, den man vor der Schussabgabe *zuerst* zieht, erst danach betätigt man den »richtigen« Abzug. Der französische Stecher ist in den eigentlichen Abzug integriert, sodass man zum Einstechen den Abzug nach vorn drückt und zum Schießen dann nach hinten zieht.

Bei mir ist die Sache ein wenig trickreich. Ich habe zwei Büchsen, die ich regelmäßig benutze. Beide sind absolut baugleich. Darum fällt es mir leicht, mit ihnen zu schießen, weil der Umgang damit in mein Muskelgedächtnis eingegangen ist. Mit einem Unterschied: dem Stecher.

Während das größere Kaliber 9,3 einen deutschen Stecher hat, besitzt die .270 einen französischen Stecher. An diesen kleinen, aber feinen Unterschied muss ich mich jedes Mal bewusst erinnern, bevor ich schieße. Denn es gibt kaum etwas Ärgerlicheres, als ein Stück Wild zu verfehlen, weil man sich mit dem Stecher vertan hat.

»Klick!« Mit einem leisen Geräusch steche ich ein und kontrolliere ein letztes Mal, ob alles passt. Tief einatmen und ausatmen. »RUMS«, hat sich der Schuss mit einem ordentlichen Knall aus dem Lauf gelöst. Durch meinen Gehörschutz bekomme ich das nur gedämpft mit. Aber die Wucht des Schusses durch den Rückstoß bemerke ich ungebremst und auch die kurzzeitige Druckwelle, die durch den Hochsitz geht.

Ich öffne die Büchse. Mit einem klirrenden Geräusch springt die Hülse aus dem Verschluss und fliegt in hohem Bogen neben mir auf den Teppich. Ich lege das Gewehr zur Seite und schnappe mir das Fernglas, um meinen Schuss zu kontrollieren.

Sehr schön, die Kugel hat die Scheibe ungefähr zwei Fingerbreit rechts über der Mitte getroffen. Diese Abweichung kann ich tolerieren.

Zur Kontrolle mache ich einen zweiten und dritten Schuss. *Wenn alle drei Schüsse den Streukreis eines 5-Mark-Stückes aufweisen, passt das.* So lautet die Faustregel, die auch in Zeiten der Post-Währungsreform noch Gültigkeit hat und wohl immer haben wird.

Egal, um welches Tier es sich handelt, die Patrone geht ja nie einfach rein und wieder raus. Im jagdlichen Bereich wird Munition verwendet, die im Tierkörper »aufpilzt«, sich also möglichst weit verbreitet, um das Tier tödlich zu treffen. Daher reicht die Streuung von rund drei Zentimetern Dicke aus, um dem Reh in meinem Fall einen tödlichen Schuss anzutragen.

Zufrieden stehe ich auf und schließe das Fenster der Kanzel, schnappe mir mein Reisegepäck und baume wieder ab. Sorgfältig verstaue ich alles im Auto, starte den Motor und fahre vor zum Karton, um ihn einzusammeln.

Das Schussbild passt schon mal. Bleibt abzuwarten, ob der passende Bock heute Abend auch vor Ort sein wird.

Um den Hochsitz muss ich mich glücklicherweise heute nicht mehr kümmern, das habe ich bereits vor ein paar Tagen erledigt.

Am Morgen des Ersten Mai ist meine Bettschwere stärker als meine Jagdpassion, sodass ich den ersten Ansitz des Jagdjahres, wie erwartet, großzügig auf den Abend schiebe.

Dann, als die Zeit gekommen ist, spiele ich wieder den Packesel, nicht sicher, wie die Temperaturen auf dem Hochsitz sind.

Ich schlüpfe in meine leicht müffelnde, speckige Lederhose. Ursprünglich war die mal aus Wildleder, aber unzählige Male Dreck, Wald, Schweiß, also Wildtierblut, haben sie zu einer glänzenden, glatten Version ihrer selbst gemacht. Ich krame mir ein Oberteil aus dem Haufen meiner Jagdkleidung heraus, schmeiße darüber meine kuschelige Fleecejacke und eine fluffige Weste und binde mir zu guter Letzt einen Rundschal aus Wolle um. Sicher ist sicher. Dackeline Henriette hat die Lunte schon gerochen und rennt bereits aufgeregt um mich herum. Mit ihren handlichen acht, neun Kilo ist sie mir eine liebe und teure Begleitung auf dem Hochsitz, hat sie mir doch schon oft Dinge angezeigt, die ich selbst nicht wahrgenommen habe. Und die Vorzüge einer tierischen Fußheizung brauche ich wohl auch nicht extra zu erwähnen … Ich greife nach der Pirschleine, an der nichts klappert oder klirrt, um auch ja kein Wild zu verscheuchen. Schwer rumpelnd öffne ich die Tür des Waffenschrankes, greife mir die Büchse und meinen Jagdrucksack von unterm Schreibtisch. Die acht Stufen in den Flur hinunter hüpft mir Henri leichtfüßig hinterher, und dann stehen wir im Hof. Jetzt noch fix die Wildwanne für den Fall eines Jagderfolges in den Kofferraum verfrachtet – und los geht's.

Am Ausgang des Dorfes halte ich kurz an und prüfe den Wind. Je nachdem, in welche Richtung er weht, wähle ich meinen Hochsitz. Meine Wahl fällt auf die Leiter oberhalb des Tiergartens, die ich fachfrauisch mit eigener Kraft freigeschnitten habe.

Am steilen und sehr maroden Feldweg des Tiergartens angekommen, stelle ich den Motor ab. Ab jetzt heißt es: still sein!

Ich steige aus und schließe vorsichtig die Autotür hinter mir. Im Laufe der Zeit als Jägerin ist es mir in Fleisch und Blut übergegangen, Autotüren nicht mehr zu »klatschen«, sondern so vorsichtig wie möglich zu schließen. Denn insbesondere auf metallische Geräusche reagiert Wild extrem empfindlich.

Von der Beifahrertür aus greife ich mir meine Sachen, hebe Henri vorsichtig auf den Boden und streife ihr die Pirschleine über den Kopf. Ich lasse den Blick kurz schweifen und nehme einen tiefen Atemzug der abendlichen, fast sommerlich-lauen Luft: Die grüne Note des frisch gemulchten Grases in den Weinbergzeilen, kombiniert mit den blühenden wilden Obstbäumen des Tiergartens ergeben einen Cocktail an Aromen, der in meinem Kopf nur Gutes bedeutet.

Langsam zeile ich die von meinem Standort aus einsehbaren Weinberge ab. Erst mal nichts zu entdecken, außer ein Fasanengockel, der, mit den Schwingen schlagend, seine Welt überblickt. Aber das hat nichts zu bedeuten. Zum einen ist die Leiter noch ein paar Meter entfernt, und zum anderen wagen sich viele Rehe auch erst in den späteren Abendstunden zum Äsen, also zum Abendessen, auf die grünen Freiflächen und in die frisch und knackig wachsenden Weinberge.

Ich gehe möglichst leise Richtung Leiter und verfluche mich für meine Nachlässigkeit in Sachen Mähen. Der Raps, die Brennnesseln und allerlei weiteres Grün ist mittlerweile keine zarten zwanzig Zentimeter hoch, sondern reicht mir locker bis zur Hüfte, sodass Henri hinter mir von Fußstapfen zu Fußstapfen springen muss, um überhaupt durchzukommen. Kurz vor dem Sitz wächst der Bewuchs zu einem wahren Brennnesselmeer an – und meine Begeisterung dementsprechend. Bloß nicht mit den Händen oder Armen reinfassen, sonst habe ich den ganzen Abend Freude daran.

Aber es geht alles gut, und ich komme ungebrannt an meinem für heute Abend auserkorenen Platz an. Den Dackel unter den Arm geklemmt, greife ich nach der ersten Sprosse. Vorsichtig steige ich die sieben Sprossen nach oben und verursache dabei erfolgreich keinen Lärm. Oben angekommen, klappe ich die kleine Sitzfläche aus. Mein Vorgänger war so nett und hat einen Pappkarton dagelassen, sodass ich auf einem kleinen bisschen Unterlage sitze und nicht direkt auf dem rauen, verwitterten Holz. Ich höre mich an wie die Prinzessin auf der Erbse – aber die bittere Realität ist, dass ich schon einige Erfahrungswerte habe, was das Sitzen auf diesen Klappbänkchen anbelangt, auf denen man alle paar Minuten die Position wechseln muss, um überhaupt ansatzweise bequem zu sitzen.

Nun heißt es erst mal einrichten und abwarten. Die Dackeldame platziere ich rechts neben mir, dann klaube ich die wichtigsten Utensilien aus meinem Rucksack: Fernglas, Gehörschutz und ein Buch. In der Regel passiert nämlich erst mal lange gar nichts. Mein guter Vorsatz ist, möglichst auf das Handy und Social Media zu verzichten und stattdessen zu lesen. Als gequältes Kind der »Generation Internet« kein leichtes Vorhaben. Aber tatsächlich habe ich mir schon das ein oder andere Buch auf dem Ansitz zu Gemüte geführt.

Es vergehen zehn Minuten, zwanzig Minuten. Nichts regt sich. Ab und an höre ich in weiter Ferne einen Fasan rufen. Vermutlich auf dem Weg in seinen Schlafbaum. In meinem Blickfeld links sehe ich auf ein paar Hundert Meter Entfernung zwei Hasen sitzen, die in der Abendsonne das saftige Grün des Ackers genießen.

Ich folge meinem üblichen Ablauf: zwei Seiten lesen, einmal mit dem Fernglas rundschauen. Langsam versinkt die Sonne, mich dabei blendend, hinter den Hügeln. Mindestens das ist die Belohnung eines jeden Ansitzes – spektakuläre Landschafts- und Himmelbilder, über dem Dorf sitzen und dabei zusehen, wie die umliegenden Hügel sich langsam erst in Gold und dann in die schönsten Variationen von Pink und Rot tauchen lassen.

Gerade als der letzte Schnipsel Sonne am Horizont versunken ist und sich langsam das Blau des Abends über die Landschaft legt, bemerke ich im Augenwinkel zu meiner Rechten eine kleine Bewegung. Nicht nur mir, sondern auch meiner Dackeldame ist sie aufgefallen, sodass wir nun beide gebannt in diese Richtung schauen, um herauszufinden, was genau unsere Aufmerksamkeit erregt hat.

Tatsächlich, knapp fünfzig Meter neben der Leiter, in der zweiten Reihe des schon recht dicht belaubten Minimalschnitt-Weinbergs, erkenne ich erneut eine Bewegung. Bei genauerem Hinschauen entdecke ich vier … Nein, acht Läufe – und die beiden dazugehörigen Rehe. Ha!

Durch das Dickicht von jungem Laub, Drähten und Stickeln des Weinbergs, kombiniert mit der stärker werdenden Dunkelheit, versuche ich zu erkennen, womit genau wir es zu tun haben. Es hat den Anschein, als ob eines der beiden Rehe noch in seinem Winterkleid steckt, während das Fell des anderen ein wenig ruppiger aussieht und leicht rot schimmert. Um das Alter eines Rehs einzuschätzen, gibt es zu dieser Zeit im Jahr eine einfache Grundregel: Jung färbt vor Alt, und Alt schiebt vor Jung.

Und hier die Übersetzung des ersten Teils der jagdlichen Regel: Je jünger das Tier, desto früher wechselt es von der graubraunen Winterdecke, also dem Winterfell, zur rostrot schimmernden Sommerdecke. Parallel dazu verliert das Reh gefühlt fünf Kilogramm, weil das Gewand für die kalte Jahreszeit dicker ist.

Nun zum zweiten Teil der Regel: Das »Schieben« bezieht sich auf das Wachsen des Gehörns. Im ersten Lebensjahr wächst dem jungen Bock ein sogenanntes Erstlings- oder Knopfgehörn. Dabei ist der Name Programm: Es sieht aus wie zwei knubbelige Knöpfe. Das Leben eines Rehs und damit auch das Gehörnwachstum beim Bock startet irgendwann zwischen Mai und Juni. Das ist später als bei mehrjährigen Böcken. Daraus resultiert, dass der Jährlingsbock sein Erstlingsgehörn später abwirft als die erwachsene Konkurrenz und im kommenden Jahr auch etwas später mit dem Wachstum dran ist.

Mit diesen beiden Informationen im Sinn, kann ich immerhin schon mal feststellen, dass meine Weinbergbesucher unterschiedlich alt sind. Vermutlich einjährig und mehrjährig. Zu mehr reicht es zu diesem Zeitpunkt noch nicht, da sowohl das Haupt als auch ein Großteil des Körpers hinter dem zarten Grün des Minimalschnitts verborgen ist. So bleibt mir nur, dem Treiben weiter zuzuschauen und zu hoffen, dass sich die Rehe weiter in meine Richtung bewegen werden.

Jedoch: Den Gefallen tut mir das Duo nicht. Zu verlockend sind die jungen Triebe des Weinbergs. So kann ich den beiden nur dabei zusehen, wie sie abwechselnd einen kleinen Schritt nach vorn gehen, um sorgsam Stück für Stück die frischen Triebe vom Weinberg zu zupfen.

Ich kann nicht klar ansprechen, wer da vor mir steht, und außerdem mit den vielen Elementen zwischen meinem Lauf und dem Wildkörper keinen sicheren Schuss antragen. Somit bleibt mir am Ende des Abends das, was uns Jäger und Jägerinnen nur allzu oft abverlangt wird: abwarten, bis das Wild sein Abendessen beendet hat und zum Verdauen in die Einstände zurückwechselt, also an den Ort, wo es sich normalerweise aufhält und ruht. Dafür bevorzugt es natürlich weniger gut einsehbare Orte in den Hecken und Büschen.

Um eine Erkenntnis bin ich jedoch auch dank dieses Ausflugs reicher: Es gibt einen Grund, mich in den kommenden Tagen genau hier wieder an Ort und Stelle zu positionieren.

Juni

Vom Silberstrauch

Solange ich denken kann, gibt es in unserer Familie Hunde. Bereits ein paar Jahre vor meiner Geburt zog unser erster Vierbeiner ein, genannt Pan. Ein Deutsch Stichelhaar-Rüde. Mein Vater hatte in einer Jagdzeitschrift etwas über die Rasse gelesen und dass es davon nicht mehr allzu viele Hunde gäbe. Es war ihm ein Anliegen, den Fortbestand der Rasse zu unterstützen.

Deutsch Stichelhaar ist ein sogenannter Vorstehhund, genauer gesagt, die älteste rauhaarige Vorstehhunderasse, die es in Deutschland gibt. Früher auch bekannt unter dem Namen »(Alter) Hühnerhund« oder »Försterhund«. Vorstehhunde sind Jagdhunde, die typisch für unsere Gegend sind, also Weinberggebiete, die früher reich an Niederwild waren oder es sogar heute noch sind. Sie sind zumeist 25 bis 40 Kilo schwer, je nach Rasse und Schlag, und genetisch darauf gezüchtet, kleine Wildarten anzuzeigen. Dieses Anzeigen nennt sich jagdlich auch »Vorstehen«, daher die »Berufsbezeichnung« Vorstehhunde.

Anzeigen oder Vorstehen bedeutet, dass der Hund, sobald er einen Hasen, ein Kaninchen, einen Fasan oder ein Rebhuhn wittert, mit seiner Schnauze in Richtung Tier zeigt. Zeitgleich versteift sich sein ganzer Körper, er stellt die Rute steil auf und hebt in den meisten Fällen noch eins seiner Vorderbeine an. Auf ein Kommando, zum Beispiel »Voran!«, bewegt sich der Hund Richtung aufgespürtes Wild und bringt es damit in Bewegung. Das gibt dem Schützen oder der Schützin die Möglichkeit, auf das Tier zu schießen. Bei einem Treffer wird der Vorstehhund geschickt, um das erlegte Stück Wild zu apportieren, es also mit dem Maul zu greifen und ohne zu knautschen unbeschadet zu seinem Herrchen oder Frauchen zu bringen.

Die Jagd auf Niederwild ist zumindest in der Vergangenheit die Hauptjagdart gewesen, daher ist der Einsatz von solchen Vorstehhunden unerlässlich für den Jagderfolg und sogar im Gesetz verpflichtend verankert.

Während wir seit diesem Tag X vor rund 35 Jahren stets mindestens ein Stichelhaar im Haus haben, setzt mein Opa seit jeher auf den sogenannten Deutsch Drahthaar, die beliebteste deutsche Jagdhunderasse, der ebenfalls aus der Gruppe der Vorstehhunde stammt. Diese Rasse ist eine Kreuzung aus vier verschiedenen Hunderassen: Deutsch Kurzhaar, Griffon Korthals, Pudelpointer sowie Deutsch Stichelhaar. Optisch unterscheiden sich Deutsch Stichelhaar und Deutsch Drahthaar je nach Zuchtlinie nicht sehr stark, aber in Sachen Charakter ist der Drahthaar oftmals temperamentvoller und griffiger, wo der Stichelhaar sich durch sein ruhiges, eher unauffälliges Gemüt auszeichnet.

Aber damit hat die Hundenarretei in meiner Familie noch kein Ende. Auch mein Urgroßvater Fritz war Jäger und Hundemann. Sein Herz gehörte dem Deutsch Kurzhaar, den er mit viel Herz und Engagement sogar gezüchtet hat. Womit sich der Kreis schließt und wir bei mir angelangt wären und meinen Zuchtbemühungen mit meiner lieben Dackeldame – ihr kennt sie schon – Henriette.

Nachdem ich alle nötigen Prüfungen und Tests absolviert und endlich die Zuchtfreigabe für meine krummbeinige Gefährtin erlangt hatte, stand mir ein letzter Papierkrieg bevor: der um den Zwingernamen. Jede offizielle Züchterin und jeder offizielle Züchter in Deutschland und überall in Europa registriert sich mit einem Zwingernamen. Der wird nur einmal vergeben und ist daraufhin geschützt. In der Regel kommt es dann zu so klangvollen Hundenamen wie »Benno vom Sommerkamp«, »Iago vom Nienburger Bruch« oder eben auch »Henriette und Bestla vom Kanonenturm«, um euch hier die Namen meiner »adligen« Sippschaft zu verraten.

Ich für meinen Teil wollte ursprünglich der Herkunft meines Vaters gedenken und hatte mir deshalb schon vor Jahren den Namen »vom Briedeler Herzchen«, nach dem Wahrzeichen des Heimatdorfes meines Vaters, erdacht. Nur fand ich irgendwann zwischen der Idee des Zwingernamens und der tatsächlichen Registrierung heraus, dass mein Urgroßopa Fritz auch schon gezüchtet hatte. Natürlich wollte ich gern unter diesem Namen weiterzüchten. Dazu galt es zuallererst, den Zwingernamen herauszufinden. Nach ein bisschen Durchfragen und Papierkramen später wusste ich, wie mein Zwinger heißen würde: vom Silberstrauch.

Im Dackelclubvereinsheft des Folgemonats entdeckte ich dann hocherfreut, dass mein Silberstrauch tatsächlich frei war und ich also ab sofort unter diesem Namen züchten durfte. Mit einem kleinen Stich erfuhr ich so auch, dass ich das pseudoadlige »von« wohl selbst in das Namensformular hätte eintragen müssen und es nicht automatisch zum Zwingernamen hinzugefügt wird. Weil ich bis dato nur Zwinger mit »von« kannte, war ich wie selbstverständlich davon ausgegangen, dass es zu jedem Zwingernamen dazugehöre.

Für meine erste Zucht würde das zur Folge haben, dass die potenziellen Welpen schlicht und bürgerlich Benno Silberstrauch heißen würden.

Nun ja … Dann ist das erst mal so, beizeiten lasse ich das anpassen, dachte ich mir, aber Achtung an dieser Stelle: Nichts hält länger als ein Provisorium.

Hündinnen kommen, grob gesagt, alle sechs Monate »in die Hitze«, sind also läufig. Eine Faustregel besagt, dass kleine Rassen eher etwas öfter menstruieren als große Rassen. Bei Henriette ist es bisher ziemlich genau alle sechs Monate so weit, nämlich immer im September und März, was meine Zuchtplanung relativ einfach macht. Henri ist eine Jagdhündin, und das soll stets den Vorrang haben. Deshalb werde ich sie nicht im September »belegen« lassen, da sie im Falle einer Schwangerschaft dann fast die komplette Jagdsaison ausfallen würde. Bleibt also der März, was sowieso schöner ist, weil die Welpen so, sollten welche geboren werden, in die warme Jahreszeit hineinwachsen können.

Die Wahl des Auserwählten fällt auf einen schwarz-roten Rüden ganz in unserer Nähe. Wir planen den ersten Deckakt für März 2021. Henri beginnt, wie erwartet, Mitte des Monats zu bluten. Ich mache mich mit ihr auf zur Tierärztin und lasse Blut abnehmen, um festzustellen, wann Henriette ihren Eisprung hat. In der Regel liegt das um den zehnten bis zwölften Tag nach Blutungsbeginn. Henris Zyklus stellt sich als eigenwillig dar, das Ergebnis zeigt, dass sie bereits am Folgetag ihren Eisprung hat. Allerhöchste Zeit, ein Date mit dem Rüden beziehungsweise seinem Herrchen zu vereinbaren.

Wir treffen uns im Hof unseres Weingutes, um die beiden

Dackelwürste Liebe machen zu lassen. Unerfahren, wie ich bin, bleibt mir nur zu hoffen, dass der Rüdenbesitzer recht hat, als er während des Spektakels sagt, »Ja, das passt alles so«. Die nassen Flecken auf unserem Hofboden anstatt in meiner Dackeldame suggerierten mir zwar etwas anderes, aber wieso sollte ich einen bei so etwas erfahrenen Menschen infrage stellen?

Zur Sicherheit bekommt Henriette am Folgetag noch einmal Herrenbesuch, doppelt hält ja bekanntlich besser. Auch wenn der zweite Besuch ähnlich verläuft wie der erste.

Ein paar Wochen später sitze ich gespannt wie ein Flitzebogen zum Ultraschall bei meiner Tierärztin. Henri liegt eingeklemmt zwischen zwei Kissen auf dem Rücken, während die Tierärztin ihr gründlichst mit dem Ultraschallkopf über den Bauch fährt. Nach wenigen Minuten die ernüchternde Wahrheit: Mein heiß beliebtes Dackelmädchen wird (noch) keine Mutter. Ihre Gebärmutter ist leer geblieben.

Niedergeschlagen gehen wir nach Hause und pausieren das Zuchtthema erst einmal, da die folgende Hitze mitten in der Jagdsaison liegt. Nächste Option ist also Frühjahr 2022.

Monate nach diesem herben Rückschlag kommt nach und nach die Hoffnung wieder, und ich arrangiere mich mit dem Gedanken, im Frühling einen neuen Versuch zu wagen. Ich möchte dieses Mal das Angenehme mit dem Nützlichen verbinden und beschließe, meinen Freund Simon, der frisch nach Dresden gezogen ist, zu besuchen, Henriette mitzunehmen und dort einen passenden Herrn für sie zu finden. Nach langwieriger Suche und dem Abgleichen von Prüfungen und Genetik habe ich endlich einen Dackelrüden gefunden. Der Besitzer und ich verbleiben so, dass ich mich melde, sobald ich weiß, an welchem Datum ich gen Osten reise, abhängig von Henriettes Zyklus.

Wir spielen das gleiche Spiel wie im Vorjahr. Henriette beginnt zu tropfen und, um den Eisprung bloß nicht zu verpassen, entscheide ich mich dieses Mal, schon früher Blut zapfen zu lassen. Morgens um elf ist der Termin, das Blut wird von meinem Vater sogar höchstpersönlich ins nächstgelegene Labor gefahren, sodass die Ergebnisse zeitnah eintrudeln. Nachmittags um fünf klingelt unser Telefon. Die Tierärztin persönlich: »Das Labor hat gerade angerufen – Henris Eisprung ist bereits morgen. Versuche also, sie am besten direkt morgen früh decken zu lassen. Überlege dir also lieber, ob du wirklich die sechshundert Kilometer nach Dresden fahren willst. Ich würde dir empfehlen, einen Rüden aus der Gegend zu nehmen. Hoffen wir, dass es funktioniert. Mach dir aber bitte keine allzu großen Hoffnungen.«

Nach kurzem Überlegen entscheide ich mich, auf den Rat meiner Tierärztin zu hören. Ein paar Klicks später habe ich die Telefonnummer des Herrchens mit dem Rüden von 2021 und ein Date für den kommenden Morgen.

Mir fällt ein Stein vom Herzen, als am nächsten Tag alles genau so läuft, wie man sich einen Hundepaarungsakt vorstellt. Und dieses Mal landet alles genau da, wo es landen soll.

Einundzwanzig Tage nach dem Decktermin sitze ich wieder nervös bei meiner Tierärztin. Die ganze Familie hat sich eingeredet, dass Henri ein wenig verändert wirkt und dass sie vielleicht auch schon etwas rundlicher geworden sein könnte.

Wieder stehe ich im Behandlungszimmer, wieder liegt Henri

zwischen den beiden Kissen eingeklemmt auf dem Rücken, und wieder fährt der Ultraschallkopf über ihren Bauch. Das Licht im Zimmer ist gedimmt, und ich versuche krampfhaft, irgendetwas auf den schemenhaften Bildern des Monitors zu erkennen. »Hier sieht man die Darmschlingen und hier die Blase, die ist ziemlich voll.« Erklärt die Tierärztin gerade. Sie bewegt den Kopf ein wenig weiter. »Und hier – sehen wir eine Frucht. Herzlichen Glückwunsch, Henriette ist trächtig!« Ich bin so froh, es hat funktioniert! Jetzt bleibt zu hoffen, dass wir mindestens noch einen zweiten Embryo entdecken. Eine Einzelschwangerschaft ist bei Hunden nämlich problematisch, weil ein einzelner Embryo sich oftmals zu gut entwickelt und zu groß wird, was bei der Geburt eine Gefahr für Mutter und Welpe darstellt. »Hier sehe ich noch eine zweite und dritte Frucht«, erlöst die Tierärztin mich und meine ineinander verkrampften Finger. »Mehr sehe ich im Moment nicht. Aber warten wir die Röntgenaufnahme ab, darauf sehen wir es sicher ganz genau.«

Ab dem fünfzigsten Tag nach dem Decken kann man eine Röntgenaufnahme machen, um zu sehen, wie viele Welpen sich tatsächlich in der Gebärmutter der Hündin befinden. Ab diesem Zeitpunkt ist die Entwicklung der Welpen so weit, dass sich Kalzium in den Knochen einlagert, die man wiederum als kleine Wirbelsäulen auf dem Röntgenbild erkennen kann. Auch diese Aufnahme bestätigt die drei Welpen. Keine große Zahl an Welpen, aber vollkommen in Ordnung für mich.

In den folgenden Tagen wird Henri von Tag zu Tag kugelrunder und auch träger, während ich versuche, alles so gut wie möglich für die Geburt und den Nachwuchs vorzubereiten. Simon ist so lieb und baut uns eine Wurfbox, in der Henri ihre Welpen zur Welt bringen kann und in der sie die ersten Wochen geschützt verbringen können.

Ab Tag achtundfünfzig bin ich allzeit bereit. Es kann jederzeit losgehen. In der Regel wirft eine Hündin um den dreiundsechzigsten Tag, aber das kann immer ein wenig variieren.

Am sechzigsten Tag wache ich von einem Quietschen neben meinem Bett auf – es ist Henriette, die am ganzen Leib zittert. Hektisch suche ich im Internet nach möglichen Gründen. Alle Zeichen deuten auf Senkwehen. Die Welpen und das Becken der Mutter machen sich bereit für die Geburt. Alle paar Stunden schüttelt eine solche Senkwehe mein Dackelmädchen tüchtig durch.

Irgendwann im Laufe des Tages zieht sich Henri zurück, ich folge dem leisen Quietschen bis ins Gästezimmer. Nach einigem Suchen entdecke ich sie, eingemummelt unter dem Bett, zwischen Ersatzkissen und -decken. Ich entscheide, dass dies definitiv nicht der Ort für eine Hundegeburt ist, und beschließe, die kommende Nacht zusammen mit meiner Dackeldame im Büro zu verbringen, wo auch die Wurfbox bereitsteht. Ich pule Henriette aus ihrer Deckenfestung, ziehe die Matratze unter dem Gästebett hervor und zerre sie ins Büro. Ausgestattet mit meinem Bettzeug, harre ich so der Dinge, die da kommen. Henri erkennt ihre einzigartige Chance und schläft lieber an meinen Bauch gekuschelt bei mir auf der Matratze anstatt allein in der Wurfbox. Ich kann es ihr nicht verdenken.

Nachts um drei wache ich auf – ich muss auf die Toilette. Auf dem Weg ins Bad, im schummrig beleuchteten Flur, schaue ich an mir herunter und entdecke in der Mitte meines Schlafanzugoberteils einen runden Fleck rotbraunen Blutes. *Okay, so wie's aussieht, geht es wohl bald los,* denke ich und verfrachte, zurück im Büro, Henri in die Wurfbox. Eine Hand auf ihr liegend, schlafe ich wieder ein.

Gegen fünf Uhr höre ich im Halbschlaf ein leckendes Geräusch, ohne Unterlass. Da ich es gewohnt bin, mit zwei bis drei Hunden in einem Raum zu schlafen, ist das an sich kein Geräusch, das mich aus der Fassung bringt. Das nächste allerdings schon: ein katzenartiges Jaulen. Ganz heimlich, still und leise hat Henriette ihren ersten Welpen zur Welt gebracht! Ich stehe auf, schalte das Deckenlicht ein und schaue über den Rand der Wurfbox, um dieses Wunder zu betrachten. Noch verbindet die Nabelschnur Mutter und Kind. Wie als würde sie es zum hundertsten Mal machen, beißt Henri routiniert die Nabelschnur durch und verschlingt gierig die Nachgeburt. Nicht besonders appetitlich, aber der Lauf der Dinge – schließlich braucht Henri alle Kraft für die beiden Welpen, die noch kommen. Der Moment, in dem meine Dackeldame mit der Plazenta beschäftigt ist, gibt mir die Möglichkeit, ihren Nachwuchs behutsam in die Hand zu nehmen, um festzustellen: Es ist ein Mädchen! Weil es mein erster Wurf ist, bekommen alle Welpen einen Namen, der mit dem Anfangsbuchstaben A beginnt. Für mich ist schnell klar: Dieses erste kleine Würmchen soll Adelheid heißen. Vorsichtig lege ich den Welpen wieder zu seiner Mutter.

Da liegt er nun, ein klitzekleiner, schwarzer Wurm, kleiner als jedes Meerschweinchen. Henri beginnt wie auf Befehl, die Kleine weiter zu belecken. Inzwischen ist es halb sechs. In der Regel kommen Welpen im Abstand von dreißig Minuten auf die Welt, ich kann mich also gedanklich schon mal auf Nummer zwei vorbereiten. Was fehlt noch? Die Rotlichtlampe. Schnell stehe ich auf und flitze in unsere Garage, um die Wärmelampe zu holen, die noch von der Kükenaufzucht bereitliegt. Als ich geschätzte zwei Minuten später zurück im Büro bin, ist Nummer zwei bereits geboren, und Henriette macht sich gerade an der Nabelschnur zu schaffen. Der Welpe liegt günstig, deshalb erkenne ich direkt: Es ist ein Rüde. Ich habe mir überlegt, dass meine Mutter, die bald aufstehen wird, seinen Namen auswählen darf. Der Rüde kommt mir ein bisschen kleiner vor als die Hündin, aber das ist erst mal kein Problem. Sobald wir hier fertig sind, werde ich das Trio wiegen. Während Henri nun den winzigen Rüden beleckt, greife ich vorsichtig nach Adelheid und rubbele sie sachte mit einem Handtuch weiter. Ich fühle mich unglaublich geehrt, in diesem besonderen Moment dabei sein zu dürfen und dass Henriette meine Anwesenheit und Hilfe so gelassen und selbstverständlich hinnimmt.

Im Stockwerk über mir höre ich die Badezimmertür – meine Mutter ist wach. Wenn alles klappt, kommt sie passend zur Geburt von Welpe Nummer drei nach unten. Ich möchte diesen schönen Moment unbedingt mit ihr teilen. Als ich ihre Schritte die Treppe herunterkommen höre, lege ich Adelheid vorsichtig in die Wurfbox und tippele meiner Mutter aufgeregt entgegen. Schnell berichte ich ihr vom Stand der Dinge und schiebe sie ins Büro. Dann nutze ich die Gunst der Stunde, um mir den blutverschmierten Pyjama auszuziehen, in den Wäschekorb zu schmeißen und Leggins und Pullover überzuwerfen. Wieder im Kreißsaal meiner Hündin angekommen, empfängt mich meine Mutter mit den Worten: »Du, Shanna, ich glaube, es geht weiter.« Ich knie mich vor die Wurfbox, um alles bestmöglich im Blick zu haben. Ich erkenne die Wehen auf Henris Bauchoberfläche – aber anstatt einer Mischung aus Fruchtwasser, Schleim und ein bisschen Blut, presst sie plötzlich einen Schwall glibberig geronnenen Blutes aus sich heraus. »Mist, da stimmt was nicht!«, murmele ich, und die böse Vorahnung wird im nächsten Moment Realität. Der dritte Welpe sieht ganz anders aus als seine beiden Geschwister. Die winzige Zunge hängt aus dem Mäulchen heraus und wirkt wie an die linke Wange geklebt. Die Schädeldecke ist nicht behaart, und ich kann erkennen, wie die winzig kleinen Blutgefäße unter dem fast schon glasig wirkenden Schädelknochen verlaufen. Der Welpe wirkt sehr, sehr schwach und fast wie zusammengepresst.

Fieberhaft versuche ich mich daran zu erinnern, was mir ein befreundeter Züchter noch am Vortag beschrieben hat: »Es kann gut sein, dass ein Welpe am Anfang wie tot wirkt. Wenn das der Fall ist, nimm ihn in die Hand und rubbele ihn mit einem Handtuch, sodass der Kreislauf in Gang kommt.« Da Henri so tut, als würde Nummer drei gar nicht existieren, greife ich mir das Würmchen, um mich darum zu kümmern. Im selben Moment wird mir schmerzhaft bewusst, dass es sich dabei um vergebene Liebesmüh handeln würde. Der Schädel des Welpen ist zwar ausgebildet, aber nicht so das restliche Skelett. Ich halte einen leichten, leeren Hautsack ohne Knochen in der Hand. Der Welpe ist definitiv nicht am Leben. Schockiert von dieser Grausamkeit der Natur, lege ich den Kleinen, es war ein Rüde, wieder in die Wurfbox. Was danach passiert, macht die Geschichte noch weniger schön: Als sich Henri endlich dem toten Welpen zuwendet, beschnuppert sie ihn erst einmal. Im nächsten Moment öffnet sie ihren Fang und frisst den kleinen mit Ausnahme des Schädels auf. Ich muss wirklich an mich halten, um einerseits nicht in Tränen auszubrechen und mich andererseits nicht zu sehr zu ekeln. Ich bin es als Jägerin zwar gewohnt, Tiere zu erlegen und zu verarbeiten, aber dabei nehme ich eher eine objektive Perspektive ein, die einer geschulten Arbeiterin, die ihr Handwerk beherrscht. Das hier ist doch etwas ganz anderes.

Zum Glück werde ich schnell von den anderen beiden Welpen abgelenkt, die leise quäkend Richtung Henris Gesäuge robben. Wie von meiner Tierärztin geraten, taste ich Henris Bauch ab und prüfe so, ob die Gebärmutter ganz leer ist. Im Beckenbereich ist alles weich, was dafür spricht – doch dann erstarre ich: Unter dem rechten Rippenbogen spüre ich noch einen Welpen. *Erst mal Ruhe bewahren*, denke ich, das kann alles noch seinen natürlichen Gang gehen. Ich greife mir ein Blatt und notiere 06 Uhr 15 als Geburtszeit des letzten, totgeborenen Welpen. Ab jetzt hat Henriette zwei Stunden Zeit, bevor ich mir ernsthaft Sorgen machen und zum Tierarzt fahren muss.

»Weil der dritte Welpe ja gar nicht voll entwickelt war und kein ausgebildetes Skelett hatte, konnten wir ihn auf dem Röntgenbild gar nicht sehen. Was wir gesehen haben, waren *drei gesunde* Welpen«, reime ich mir die schräge Situation zusammen.

Die Wartezeit vertreiben wir uns damit, uns einen Namen für den Rüden zu überlegen. Entschieden tauft meine Mutter den kleinen Wicht auf »Anton«. Dann hole ich eine Waage, um die Kleinen zu wiegen – was mir die nächste Schrecksekunde beschert. Adelheid bringt gerade mal 142 Gramm auf die Waage, Anton sogar nur 124. Das ist viel zu wenig! Das normale Geburtsgewicht von Dackeln in Standardgröße, zu der Henriette zählt, liegt zwischen 240 und 300 Gramm. Ab diesem Moment ist mir klar, dass nicht mal sicher ist, ob wir überhaupt die beiden Welpen durchbringen können, die bereits auf der Welt sind.

Die Minuten vergehen, ohne dass Henris Körper Anstalten macht, noch einmal Wehentätigkeit zu zeigen. Nach anderthalb Stunden rufe ich bei meiner Tierärztin im Nachbardorf an. »Bitte warten Sie noch dreißig Minuten und kommen dann vorbei, falls sich bis dahin nichts getan hat. Die Chefin schaut dann mal nach.« Dreißig Minuten später ist die Situation unverändert. Ich beginne nach einer geeigneten Transportmöglichkeit für Henri plus Nachwuchs zu suchen. Schließlich kann ich sie jetzt unmöglich von ihren Kleinen trennen. Eine rote Metzgerkiste gewinnt das Rennen. Ich lege sie mit einer flauschigen Decke aus, bette Henriette samt Welpen darin und lege vorsichtig noch eine Decke über sie, um so ein Gefühl von Sicherheit zu erzeugen.

Bei der Tierärztin angekommen, bekomme ich bestätigt, was ich bereits erfühlt hatte: Da ist noch ein vierter Welpe. »Wenn so lange keine Wehentätigkeit mehr war, müssen wir mit Oxytocin nachhelfen«, erklärt mir die Tierärztin. In meinem Kopf schrillen die Alarmglocken. Überall, wo ich mich vorab informiert hatte, wurde vor dem Einsatz von Oxytocin, einem Wehenfördermittel, gewarnt, da es schädlich für den Welpen sein kann. Ich weise die Tierärztin auf meine Einwände hin, woraufhin sie antwortet: »Natürlich ist der Einsatz von einem Wehenfördermittel nicht unbedingt wünschenswert, aber die Alternative ist, dass wir den Welpen verlieren. Deshalb würde ich es gern versuchen.« Ich nicke.

Die Tierärztin verlässt den Raum, und ich wende mich meinem Sorgenkind zu. Einerseits bange ich um meine kleine Henriette, andererseits aber auch um den Welpen in ihr.

Das Öffnen der Tür reißt mich aus meinen Gedanken: »Ich

habe schlechte Nachrichten. Ich hatte schon so lange keine Welpen mehr, dass mein Oxytocin abgelaufen ist. Du musst leider in die Tierklinik fahren.« Ich bedanke mich und spurte mit meiner roten Kiste und den drei Hunden Richtung Auto. Tierklinik bedeutet noch mal fünfzehn Minuten Fahrt. So ein Mist. Dort angekommen, wird unsere Lage sofort sehr ernst genommen, und ohne Umschweife landen wir im Behandlungszimmer. »Wir machen jetzt erst mal einen Ultraschall, um zu sehen, ob der Welpe überhaupt noch lebt. Dann wissen wir, wie dringend es ist«, erklärt mir die Tierärztin vor Ort. Im dunklen Ultraschallraum bette ich Henriette wieder zwischen zwei Gummikissen. Diesmal ist sie um einiges unruhiger als die Male zuvor. Sie möchte zu ihrem Nachwuchs. Ich erkenne weder etwas in der Mimik der Tierärztin noch auf dem Bild des Ultraschallgerätes. Bleiben mir also nur quälende Sekunden des Wartens. Bis die Tierärztin die Stille bricht: »Tut mir leid, der Welpe ist bereits tot.« Irgendwie trifft mich diese Nachricht nicht so stark, wie ich es erwartet hätte. Es ist inzwischen weit nach zehn Uhr. Es hätte mich sehr gewundert, wenn wir noch einen Herzschlag gehabt hätten. »Okay«, antworte ich nur wie betäubt. »Wie geht es dann jetzt weiter?«

»Wir geben Ihrer Hündin Oxytocin und hoffen, dass die Wehentätigkeit wieder einsetzt, sodass der tote Welpe auf natürlichem Weg geboren werden kann. Falls das nichts bringt, müssen wir einen Kaiserschnitt in Erwägung ziehen.«

Während die Ärztin mir diese wenig rosigen Aussichten mitteilt, zieht sie schon eine Spritze auf und verabreicht meiner armen Hündin das Wehenfördermittel in den Muskel. »Jetzt warten wir zwanzig Minuten und hoffen, dass sich etwas tut«, erklärt sie mir.

Dann lässt sie mich mit Henriette und den beiden Neugeborenen allein im Behandlungszimmer zurück, und ich gleite neben meiner Dackeldame auf den Boden. Ich schaue regelmäßig unter die schützende und wärmende Decke, ob es Bewegung in ihrem Bauch gibt. Doch nichts regt sich. Auch nach zwanzig Minuten hat sich daran leider nichts geändert. Also bekommt Henri einen Zugang gelegt, über den ihr die zweite Dosis Oxytocin direkt intravenös gegeben wird. Wieder heißt es warten. Und während ich dabei auf Henris Bauch starre, meine ich, leichte Zuckungen zu sehen, aber so richtig viel passiert leider nicht.

Als die Tierärztin nach einer Weile den Raum wieder betritt, suggerieren mir die Sorgenfalten auf ihrer Stirn, dass nicht mehr viele Alternativen übrig bleiben. »Ich taste jetzt noch mal, ob sich etwas getan hat«, sagt sie, während sie sich einen Gummihandschuh über die Hand zieht. Vorsichtig in Henri tastend, weckt sie ein bisschen Hoffnung in mir: »Ich denke, die Position des Welpen ist ein bisschen besser geworden, die Kontraktionen haben ihn bewegt. Ich versuche ihn zu holen, dann können wir Ihrem Schatz den Kaiserschnitt ersparen.« Stumm nickend stimme ich zu. Dann verlässt die Tierärztin samt meiner Dackeldame den Raum – und kehrt schon wenige Minuten später mit ihr zurück.

Sie setzt Henri sorgsam zurück zu ihren Welpen und legt ein Päckchen, eingewickelt in grüne Einweghandtücher, auf den Behandlungstisch. »Es wäre ein Rüde gewesen«, sagt die Tierärztin mit leiser Stimme und deckt den Welpen auf. Er ist größer und kräftiger als die anderen drei, aber es hat ihm nichts geholfen.

Ich bedanke mich für ihre Hilfe und stimme zu, den Welpen für 7 Euro 90 einäschern zu lassen. Es mag vielleicht etwas lächerlich anmuten, aber in dieser Situation möchte ich mich nicht noch mit einer Welpenbeerdigung umgeben, und einfach in die Biomülltonne schmeißen kann ich den kleinen Kerl auch nicht.

Meine folgenden Tage gestalten sich in etwa so, wie ich mir die Zeit einer jungen Mutter vorstelle. Die ersten 48 Stunden scheint alles so weit okay zu sein. Ich achte darauf, dass Henriette ihren beiden Kleinen alle paar Stunden einen Platz an den prallen Zitzen ihrer Mutter gewährt. Allerdings macht mir Anton Sorgen. Sein Gewicht stagniert, weshalb ich mich dazu entscheide, den kleinen Kerl zusätzlich mit dem Fläschchen zu füttern, und zwar alle drei Stunden, Tag und Nacht. Alle Stimmen um mich herum versichern mir, dass wir die ersten zehn Tage schaffen müssten, dann seien die beiden über den Berg. Und Anton legt tatsächlich an Gewicht zu.

Nach den zehn Tagen öffnet Adelheid als Erste ihre Augen, am dreizehnten Tag macht es ihr Anton nach. Langsam traue ich mich aufzuatmen. Wir haben die magische Zehn-Tages-Grenze überschritten, beide Welpen nehmen an Gewicht zu, entwickeln sich altersgerecht und – leben.

Doch dann ziehen abermals Wolken auf. An Tag sechzehn wiege ich die kleinen Würmer, wie gewohnt, morgens und abends. Während Adelheid weiter brav zulegt, stagniert Antons Gewicht erneut, trotz regelmäßigen Fütterns. Auch der Tierarzt kann uns nicht weiterhelfen, da ansonsten alles in Ordnung zu sein scheint: Anton frisst und setzt Kot ab, Henri kümmert sich um ihn, wie es sein soll.

An einem Samstag, der neunzehnte Tag nach der Geburt,

Auf dem Weg zum Ansitz. Damit ich niemanden den Weg versperre, zählt jeder Milimeter beim Parken. Schließlich muss ein Traktor noch vorbei können.

Die Jagd ist eine Aufgabe fürs ganze Jahr. Nicht selten bedeutet das auch, dass man sich das Wetter dabei nicht aussuchen kann.

Unterwegs mit allen fünf Hunden. Zugegeben, das ist immer ein logistischer Aufwand und auch gar nicht so leicht. Jeder Hund hat seine eigenen Vorlieben und Bedürfnisse und sein eigenes Lauftempo.

Ein besonderes Verhältnis habe ich zu meinem ältesten Deutsch-Stichelhaar-Rüden Kolya. Er war mein erster Hund, den ich durch die Zuchtprüfungen geführt habe.

Manchmal bedeutet der Ansitz einfach Zeit allein für mich (und Henri): Die Ruhe genießen, in die Landschaft schauen und sich darüber freuen, das ein oder andere zu entdecken, das sonst im Verborgenen liegt.

Oft habe ich mein Handy dabei, um zu dokumentieren, was sich im Revier tut. Und tatsächlich mache ich viel öfter Fotos von Tieren, als dass ich sie erlege.

Henriette ist meine Augen und Ohren. Sie riecht und hört Dinge, lange bevor ich sie entdecke. Quasi eine flauschige, braune Alarmanlage, die man mit zur Jagd nehmen kann und die auch gerne mal den Schoß warm hält.

Der rote Traktor, ein Massey Ferguson, ist der ganze Stolz meines Vaters. In den vergangenen Jahren hat er ihn in liebevoller Kleinstarbeit restauriert.

Vor der Ernte müssen die Qualitäten im Weinberg kontrolliert werden. Einige der Trauben schneiden wir heraus, um die Pflanze zu entlasten.

Der goldene Oktober hat seinen Namen nicht umsonst. Die langen, manchmal schon recht kalten Erntetage werden mit spektakulären Aussichten und Sonnenuntergängen belohnt.

Das sind die kurzen Momente zum Innehalten und Verschnaufen, bevor wir die Trauben nach Hause bringen und sie im Weinkeller weiter verarbeiten.

Der Süßegrad der Trauben wird mit ein wenig Saft auf dem »Refraktometer« geprüft, der ihn in »Grad Oechsle« anzeigt.

Das rheinhessische Hügelland. Nicht nur wunderbar für die Menschen, sondern auch perfekt für unser Niederwild: Klein strukturierte Felder, Hecken und Weinberge sind ein ideales Habitat für Fasan, Hase, Kaninchen und Rebhuhn.

Der Vollernter kommt erst zum Einsatz, wenn die Überprüfung des Süßegehalts der Trauben das gewünschte Ergebnis gebracht hat. Immer wieder ein spannender Moment, wenn es endlich soweit ist.

Meine Hühner! Eine tägliche Aufgabe, die ich nicht missen möchte. Bei Wind und Wetter kümmere ich mich um meine gackernde Schar und freue mich wie ein kleines Kind über jedes einzelne Ei, das ich mitnehmen darf.

Henriette – meine treueste Begleiterin und die beste Entscheidung, die ich treffen konnte!

sitze ich mit Simon und Freunden im Hof, wir grillen. Gewissenhaft füttere ich um 23 Uhr den kleinen Anton, sein Bauch wirkt ein wenig aufbläht, aber das kommt schon mal vor, wenn er gegessen hat. Um zwei Uhr nachts, wir sitzen noch immer zusammen, klingelt mein Handywecker – erneute Fütterungszeit. Mit dem Fläschchen in der rechten Hand knie ich mich vor die Wurfbox, greife nach dem Würmchen und merke – irgendetwas stimmt hier ganz und gar nicht! Der Welpe ist kühl, ich sehe keine Atmung mehr. Tief erschrocken lasse ich das Fläschchen fallen und laufe hektisch, mit Anton in beiden Händen, nach draußen zu meinen Freunden. Einer von ihnen züchtet selbst, ich hoffe auf seine Hilfe.

Mein Kumpel reagiert routiniert und beginnt mit einer vorsichtigen Herzdruckmassage und Wiederbelebungsversuchen. Er macht weiter und weiter in der Hoffnung, etwas ausrichten zu können. Ich ziehe die Lefzen des Kleinen hoch, um das Zahnfleisch zu kontrollieren. Es ist weiß – der Welpe ist tot. Ich fühle mich wie betäubt, bedanke mich bei meinem Freund und gehe zurück ins Haus zu Henri, Adelheid und der Wurfbox. Ich lege Anton neben die beiden und kauere mich zu ihnen.

Da bricht alles aus mir heraus. Der Schmerz und die Enttäuschung der vergangenen Wochen. Die Trauer, nach all der Mühe und Zeit nun doch mein Sorgenkind verloren zu haben, und die große Frage: Bin ich schuld daran? Habe ich etwas falsch gemacht?

Ich liege in Embryonalstellung neben Henri und Adelheid und versuche mich zu beruhigen. Rede mir gut zu, dass Antons Chancen von Anfang an nicht besonders gut waren und ich alles getan habe, was ich konnte. Aber ein kleiner Teil in mir glaubt mir nicht.

Ich weiß nicht, ob ich zehn Minuten oder eine Stunde so gelegen habe, aber irgendwann wird mein Schluchzen leiser, und ich schaffe es, mich zu beruhigen. Anton lasse ich bei Henriette liegen, um ihr die Möglichkeit zu geben, zu realisieren, dass ihr Welpe tot ist. Ich schaffe es, nach draußen zu gehen und noch eine Weile gute Miene über meine Trauer zu legen.

Am frühen Morgen, die Dämmerung kriecht langsam vom Horizont her in unseren Hof, sitzen Simon und ich immer noch draußen. »Ich muss dich um etwas bitten«, beginne ich zögernd. »Kannst du Anton mit mir beerdigen?« Simon, eher der Typ Wir-entsorgen-die-tote-Maus-in-der-Mülltonne, zögert keine Sekunde und willigt ein. Er greift sich einen Spaten und stiefelt Richtung Garten. Mit Tränen in den Augen gehe ich ins Büro und greife mir den kalten kleinen Welpenkörper. Simon hat hinten im Garten schon ein kleines Loch gegraben, ich lege Anton hinein, und wir schütten es behutsam mit Erde zu. Das ist zu viel für mich, erneut breche ich in Tränen aus, und auch Simons »Dich trifft keine Schuld« spendet nicht genügend Trost. Der Traum vom Züchten ist mit einem lauten Knall geplatzt. Jetzt ist Adelheid ganz allein.

Und damit nicht genug. Statt einer normalen Rückbildungsphase hat Henriette über Wochen hinweg Schmierblutungen, sodass ich rund sechs Wochen nach der Geburt entscheide, die Situation von der Tierärztin kontrollieren zu lassen. Sie stellt eine Entzündung der Gebärmutter fest und rät mir, ebenfalls den Traum von der Zucht mit Henriette zu begraben. Zu viele Faktoren würden nicht passen, egal, wie großartig die Hündin sei.

Traurig stimme ich zu. Ich weiß, dass sie recht hat. Ein verfrühter Eisprung, ein missgebildeter Welpe, ein totgeborener Welpe, ein Welpe, der es nicht länger als ein paar Tage geschafft hat – dieser Stress gefährdet die Gesundheit meiner Hündin und reizt meine eigene emotionale Schmerzgrenze ungeheuer aus. Das ist es mir nicht wert.

Ich wollte immer einen Welpen von Henriette haben. Und auch wenn der Zeitpunkt mit bereits vier Hunden im Haus keineswegs ideal ist, manifestiert sich in diesem Moment ein Gedanke in meinem Kopf: Ich werde die bürgerliche Adelheid Silberstrauch behalten. Henriettes ersten und einzigen Welpen.

Das sind die Aufgaben meiner Hunde
bei der Jagd

Ich führe drei Deutsch Stichelhaar und einen Rauhaarteckel (als »Teckel« bezeichnet man einen jagdlich eingesetzten Dackel).

Deutsch Stichelhaar ist der älteste rauhaarige Vorstehhund in Deutschland. Traditionell gesehen wurde er also für die Jagd auf Niederwild gezüchtet. Da die Niederwildbestände aber sehr gering sind und nur selten Jagden darauf gemacht werden, habe ich mir für meine Hunde ein anderes Aufgabengebiet gesucht. Mittlerweile führe ich sie auf Drückjagden, wo sie auf Rot- und Schwarzwild jagen. Alle drei Hunde jagen laut, sodass ein Einsatz in diesem Gebiet vertretbar ist. Das bedeutet, sobald sie Wild sehen (Sichtlaut) oder wittern (Spurlaut), bellen sie, wodurch das Wild in Bewegung gerät und umstehende Schützen und Schützinnen in Bereitschaft versetzt werden.

Zusätzlich hat mein ältestes Stichelhaar eine Ausbildung auf Schweiß erhalten, sodass ich einfache Nachsuchen mit ihm machen kann.

Die Teckel sind vielfältig in ihren Aufgaben. So gehe ich mit ihnen ebenfalls auf Drückjagd, nutze sie aber auch für Nachsuchen und die Jagd unter Tage auf Füchse.

Zahlen und Fakten

Hunde im Jagdhaushalt: In 57 Prozent der Jäger*innenhaushalte leben Hunde.

39 Prozent davon haben einen Hund, 18 Prozent sogar mehrere Hunde.

Die beliebteste Gruppe ist mit 25 Prozent der Vorstehhund, gefolgt von Teckel (Dackel) und Terrier mit jeweils 9 Prozent.

Junges Gemüse

Möchte man einen neuen Weinberg anlegen, darf man sich auf eine ganze Menge Arbeit einstellen. Es ist ja nicht so, dass wir nach der Ernte einfach ein paar Trauben auf dem Acker verteilen, und im nächsten Jahr haben wir wunderbare Weinreben. Und so etwas wie »Weinsamen« sucht man vergeblich beim Gartencenter seines Vertrauens. In der Regel findet man dort in schwarze Pötte eingepflanzte Reben, die circa kniehoch sind und zumeist abenteuerliche Namen tragen, die man eher nicht aus dem Weinregal kennt. Das liegt daran, dass jene Reben entweder Tafeltrauben sind, also Esstrauben (große Beeren mit mehr Fruchtfleisch und ohne Kerne), oder Rebsorten, die für die Weinbereitung geeignet sind, weil sie besonders widerstandsfähig gegen Pilzerkrankungen sind und deshalb besonders gut für den Privatgebrauch. Diese Sorten sind noch relativ jung und deshalb zumeist weniger bekannt. Mit diesen pilzwiderstandsfähigen Reben (sogenannte PIWIs) erhöht sich nämlich für euch die Chance, dass ihr am Ende des Jahres keine schwarze, verschimmelte Pampe von der Rebe runterschneiden müsst, sondern tatsächlich Weintrauben ernten dürft.

Aber zurück zum Thema: Unsere kommerziellen Reben sehen etwas anders aus. Zuerst einmal muss man dazu wissen, dass die Rebe nicht eine ist, sondern eigentlich zwei. Im 19. Jahrhundert, genauer gesagt 1867, wurde die Reblaus von Nordamerika nach Europa eingeschleppt. Nun hat die liebe Reblaus leider die unangenehme Angewohnheit, ihren komplexen Lebenszyklus perfekt an ihren Wirt, die Rebe, anzupassen, und das sowohl unterirdisch als auch überirdisch. Im Wurzelsystem der Rebe findet man die Wurzelläuse, quasi Baby-Rebläuse, von denen einige als Nymphen mit Flügelansätzen im Herbst an die Erdoberfläche kommen und sich zu geflügelten Reblausfliegen entwickeln. Diese Fliegen legen Eier mit zweierlei Geschlecht, die sich nach dem Schlüpfen paaren. Die weibliche Version der sogenannten rüssellosen Geschlechtstiere legt erneut Eier in die Rinde des zwei- bis dreijährigen Rebholzes, aus denen im darauffolgenden Frühjahr Maigallenläuse werden, die wiederum Eier an die Blattunterseite der Rebe legen. Nach acht bis zehn Tagen schlüpfen die Nachkommen. Hierbei unterscheidet man zwischen einer weiteren Generation von Maigallenläusen, die erneut Eier an junge Blätter legen, und blattgeborenen Wurzelläusen, die nach ihrem Schlupf wieder Richtung Boden wandern. Dort ergänzen sie den unterirdischen Entwicklungszyklus oder starten ihn neu.

Wichtig ist, sich hierbei vor allem zu merken, dass die US-amerikanische Reblaus den europäischen Weinbau aufgrund ihrer vielen und viel fressenden Lebensformen fast zugrunde gerichtet hätte. Insbesondere Frankreich erlitt schmerzliche Verluste, aber auch die Winzer und Winzerinnen in Deutschland und generell die der gesamten europäischen Weinberg-Monokulturen hatten einiges an Schaden zu verzeichnen, weil sie den Rebläusen ein All-you-can-eat-Büfett kredenzt haben.

Die Erlösung brachte am Ende erfreulicherweise nicht die Chemiekeule, an der ebenfalls intensiv geforscht wurde, sondern ein altbekanntes Hausmittel aus dem Obstbau: die Veredelung der Reben. Man nehme Kreuzungen aus den drei US-amerikanischen Rebsorten, Vitis riparia, Vitis rupestris und Vitis berlandieri, die resistent gegenüber dem Reblausfraß sind (oder ihn zumindest tolerieren können), und veredele die gewünschte europäische Rebsorte, Vitis vinifera, auf diese amerikanische Unterlage.

Es gibt aber nicht nur eine einzige Unterlagsrebe und auch nicht nur eine einzige Art von aufgepfropfter Rebsorte (dem Klon), sondern viele verschiedene Kombinationen, die den Weinberg in seinem späteren Leben maßgeblich prägen. Je nach Kombination lassen sich viele Faktoren beeinflussen, zum Beispiel die Ertragsmenge oder die Größe und Form der Trauben.

Das Veredeln erledigen übrigens die wenigsten Weingüter selbst, stattdessen berät man sich vor der Pflanzung mit dem Rebveredler oder der Rebveredlerin seines Vertrauens.

Bei uns im Betrieb ist der Graue Burgunder ein besonders gutes Beispiel für die Relevanz, die verschiedene Reb-Klone haben. Man nennt ihn übrigens auch Ruländer (nach seinem Züchter), Pinot Grigio (auf Italienisch) oder Pinot Gris (Französisch). Werfen wir einen Blick auf unseren Weinberg am Gensingerweg: Sowohl rechts als auch links wurde ein Grauburgunder gepflanzt. Die Bodenverhältnisse sind auf beiden Seiten sehr ähnlich, Niederschlag und Sonneneinstrahlung sind rechts wie links des Wegs identisch. Und dennoch gibt es

121

einen großen Unterschied zwischen beiden Anlagen, nämlich die Klon-Kombination, also der Mix aus Unterlage und europäischem Topping. Mein Vater hatte damals bestimmt seine Gründe dafür, möglicherweise war nichts anderes verfügbar, eine Kombination zu wählen, die wenig Ertrag und dafür einen sehr hohen Zuckergehalt erzeugt. Dieser sehr hohe Zuckergehalt sorgt bei der Gärung für einen ebenso hohen Alkoholgehalt. Ein zu hoher Alkoholgehalt birgt jedoch das Problem, dass der Wein gegebenenfalls nicht mehr harmonisch schmeckt oder einfach zu stark nach Alkohol riecht. Unsere Lösung für unsere spezielle Kombi? Der Graue Burgunder wird in der Regel zur Mitte der Ernte gelesen. Wir ernten den Grauburgunder aber zumeist bereits als erste oder zweite weiße Rebsorte, um einen zu hohen Zuckergehalt zu vermeiden, damit der Wein schön trinkbar bleibt.

Rechts vom Weg ist die Erntesituation eine ganz andere. Unser Mitwinzer hat sich für eine Kombination entschieden, bei der die Erträge recht hoch ausfallen, er die Trauben aber sehr lange hängen lassen muss, um nutzbare Zuckergehalte zu erreichen. Logisch: dieselbe Menge verfügbaren Wassers, Nährstoffe und Sonnenlichts wie gegenüber, verteilt auf viel mehr Trauben.

Egal, für welche Kombination man sich entscheidet, am Anfang sehen alle Weinberge gleich aus. Kurz vor dem Pflanztermin holt man seine Rebchen beim Rebveredler ab, ein etwa daumendickes Stück Holz, oben in Wachs getaucht, unten mit reisigartigen Wurzeln von circa dreißig bis vierzig Zentimetern Länge. Mich erinnert es immer an einen Hexenbesen, nur mit zu kurzem Stiel und weniger, dafür aber dickeren Borsten.

Jene Baby-Reben stellt man bis zum Pflanztermin in Wasser, sodass sie am Leben bleiben und sich noch mal ordentlich vollsaugen können. Kurz vorm Pflanzen geht es den Hexenbesenwurzeln dann an den Kragen. Um sie besser pflanzen zu können, werden sie auf fünf bis zehn Zentimeter heruntergekürzt. In früheren Zeiten war das der Zeitpunkt, an dem der Winzer ein Seil gespannt, daran entlang Löcher gegraben und die Reben eingepflanzt hat. Da haben wir es heute viel besser. Dank GPS gibt man die Eckdaten des Feldes, die gewünschte Zeilenbreite und den Rebabstand in den Bordcomputer des Traktors ein, und fertig ist die Laube. Innerhalb kürzester Zeit kann man so maschinell und damit einfach und rückenschonend Weinberge anpflanzen. Zumeist wird diese Arbeit von einem externen Dienstleister erledigt, da Winzer und Winzerinnen in der Regel nicht mehrmals die Woche Reben pflanzen und darum die Anschaffung einer solchen modernen Maschine mehr als unwirtschaftlich wäre.

Das war es dann aber auch schon mit »einfach und rückenschonend« in der jungen Rebanlage, die man ab diesem Punkt bei uns Jungfeld nennt. Der letzte maschinelle Schritt ist das Setzen der Stäbchen, die den Reben als Wachstums- und Rankhilfe dienen. Von nun an geht alles, wie schon vor Hunderten Jahren, von Hand. Die Rebchen schauen nur wenige Zentimeter aus dem Boden heraus, das heißt Pustekuchen für rückenschonendes Arbeiten.

Um einen Betrieb rentabel zu halten, legt man in der Regel jedes Jahr, spätestens jedes zweite Jahr, ein neues Jungfeld an, und zwar auf einem Feld, das man im Vorjahr gerodet hat. Mein Vater hatte jedoch vier, fünf Jahre lang gewartet, bis wir eine relativ große, zusammenhängende Fläche beisammenhatten, um auf diese dann junge Reben zu setzen. Was das für uns konkret bedeutete? Es kam alles knüppeldick auf einmal.

Oma und Opa (Baujahr 1941 und 1937) sind absolute Vollblutwinzer*innen. Solange ich denken kann, sind die beiden am Arbeiten. Hobbys? So gut wie Fehlanzeige. Meine Oma geht seit den 80er-Jahren einmal die Woche zum Yoga, quasi eine Trendsetterin, und mein Opa, ganz Familientradition, zur Jagd. Ansonsten sind und bleiben die gemeinsame Leidenschaft der beiden unsere Weinberge. Wie andere Leute in ihren Garten gehen oder sich sonst wie verwirklichen, verwirklichen meine Großeltern sich bis heute in den sanften Hügeln rund um unser Dorf. Solange ich denken kann, war meine Oma für alle Arbeiten rund um ein Jungfeld zuständig gewesen.

Aber wir müssen der Realität ins Auge schauen: Der Geist ist willig, der Körper irgendwann nicht mehr. So kam es, dass unser erstes neues Jungfeld im Jahr 2021 mit allen anstehenden Arbeiten ein wenig hinterherhinkte. Oma und Opa taten ihr Bestes, aber die Geschwindigkeit lässt eben mit dem Alter nach. Gleichzeitig waren alle anderen Familienmitglieder in ihren Bereichen so eingespannt, dass sie nicht wirklich unterstützen konnten und die Reben leider hinten rüber fielen.

Im darauffolgenden Jahr, 2022, ging das irgendwann nicht mehr. Insgesamt vier Weinberge bettelten lauthals um Pflege, und die Hilferufe waren nicht mehr zu überhören.

Im fast täglichen Turnus schauen die Großeltern bei uns vorbei, erklären, welche Arbeiten sie erledigt haben und was dringendst getan werden muss. Beim Thema »Plastikspangen« eskalierte die Situation schließlich.

Zur Erläuterung: Nachdem die Reben gesetzt sind, übrigens zumeist im April oder Mai, folgt in den darauffolgenden Wochen oder Monaten das Aufstellen der Stickel, früher aus Holz, heute aus Metall. Diese Pfähle begrenzen die Anlage nach außen und stehen alle vier bis fünf Reben, um später die dazwischen gespannte Drahtanlage und die daran entlangwachsende Laubwand zu halten. Nach dem Aufstellen der Stickel werden irgendwann die Drähte gezogen. Früher hat man die Pflanzstäbe, an denen die einzelnen Reben zu Beginn emporwachsen, mit sogenanntem Rödeldraht bombenfest am untersten Drahtseil befestigt. Heutzutage benutzt man dafür gern Plastikspangen, die Rebe und Stab weiterhin Halt geben, gleichzeitig aber eine größere Flexibilität als Draht aufweisen.

An einem Donnerstagnachmittag vernehme ich das altbekannte Motorengeräusch des Suzuki Jimny meiner Großeltern im Hof. Wenige Minuten darauf höre ich meinen Vater und meinen Opa schimpfen. Das Problem? Opa und Oma haben sich vergeblich an den Plastikspangen versucht. Opa mit seinen groben Händen, die von Arthrose geschädigt sind, und Oma, die auch nur noch wenig Gefühl in den Fingerspitzen hat, schaffen es nicht, die Spangen einmal über und unter den Draht zu wickeln und dann darüber einzuhängen. Aufgebracht stehen beide nun vor mir und erklären, dass das vollkommener Mist sei. Sie wollten zum Rödeldraht zurückkehren, damit hätten sie schließlich die vergangenen sechzig Jahre wunderbar gearbeitet.

Nachdem wir über Wochen hinweg täglich dieselbe Konversation haben, weil einfach nichts geschieht, ergreife ich die Initiative: »Wie wäre es, wenn ich die Plastikspangen anbringe?«, schlage ich übermütig vor. Meine Großeltern stimmen zu.

Und damit kommen wir zu Tag eins meiner Weinbergs-Kindergärtnerinnen-Karriere.

Um der Sommerhitze zu entgehen, beschließe ich, meinen Tagesablauf ein wenig zu ändern und schon morgens um sechs mit der Arbeit im Jungfeld zu beginnen. Auch wenn mir das Aufstehen schwerfällt, genieße ich doch immer diese Ruhe am frühen Morgen in den Weinbergen. Es ist ähnlich wie beim Jagen, es hat seinen eigenen, besonderen Reiz, weit vor allen anderen in den Tag zu starten. Man ist allein und für sich, kann die Natur besser beobachten, und das Licht am frühen Morgen, wenn die Sonne gerade erst über den Horizont emporsteigt, ist einfach magisch.

Am Freitagmorgen stehe ich also um halb sechs auf und verfluche mich selbst für mein juveniles Angebot. Ich verfrachte die drei Hundedamen Bestla, Adelheid und Henriette sowie einen Sack Plastikspangen ins Auto und mache mich auf den Weg. Mein Plan ist, entweder um neun Uhr Schluss zu machen, weil ich fertig bin, oder vorher, wenn die Hitze schon zu groß sein sollte.

Die drei Hündinnen schwänzeln um mich herum, während ich in die erste Reihe hineinstapfe. Ich bemerke sehr schnell, dass es gar nicht so einfach ist, das Ende des Pflanzstabs und den unteren Draht zu finden, wenn der Rebstock selbst schon viel verzweigt emporgewachsen ist. Mir bleibt nichts anderes übrig, als beherzt in das noch morgentaunasse Laub zu greifen und Blätter wegzurupfen in jenem Bereich, wo ich Stäbchen und Draht vermute.

Ich fingere die erste Plastikspange an den Draht. Stapfe zwei Schritte weiter und beginne mit demselben Prozedere von vorn. Weiter geht es mit Nummer drei und vier. Bei Nummer fünf rutsche ich ab und quetsche mir den Daumen schmerzhaft zwischen Spange und Draht ein. Wo kommt bei einer so lächerlichen Wunde so viel Blut her? Aber es gilt weiterzumachen. Ich kann ja schlecht heimfahren und der Familie erklären, dass ich nach fünf Reben wegen eines gequetschten Daumens aufgegeben habe. Also weiter ...

Tapfer stapfen die Hunde mit mir Rebe für Rebe nach vorn. Nach rund einer Stunde bin ich am Ende der ersten Reihe angekommen. Das Schöne an langen Reihen ist, dass man bei der maschinellen Bewirtschaftung wirklich Zeit sparen kann. Bei allen Arbeiten mit der Hand sind diese langen Reihen einfach nur deprimierend, weil man nicht das Gefühl hat voranzukommen.

Meine Finger brennen höllisch, und ich merke, dass von dem bisschen Hornhaut an meinen Fingerkuppen nicht mehr richtig viel übrig ist. Hinzu kommt, dass sich die halb gebückte Haltung im unteren Rücken bemerkbar macht.

Und dabei bin ich erst dreißig!, huscht es mir durch den Kopf. Ich vergleiche mich mit Oma und Opa, die noch heute diese Arbeitshöhe, ohne zu klagen, bewältigen.

»Nun denn – Zähne zusammengebissen und auf in Reihe zwei!«, versuche ich mich selbst zu motivieren.

Exakt eine Stunde später stehe ich an meinem Auto. Es ist acht Uhr und noch nicht besonders heiß. Aber meine Finger sagen schlicht und ergreifend »Ende«. Morgen und übermorgen nutze ich zur Regenerierung und starte dann am Montag aufs Neue.

Tag zwei im Weinberg-Kindergarten.

Er verläuft analog zum ersten. Reihe hin – eine Stunde –, Reihe zurück – eine Stunde. Finger und Rücken schmerzen. Ende.

So geht es die nächsten Tage, bis ich die elf Reihen Riesling und vier Reihen Sauvignon Blanc erledigt habe, nur um im Anschluss von meinem Vater bereits mit meiner Nachfolgeaufgabe betraut zu werden: dem sogenannten Ausbrechen. »Du, Shanna, wir müssen den Sauvignon Blanc ausbrechen.« Wobei »wir müssen«, beziehungsweise »mer müsse«, eigentlich »du musst« meint.

Aber halb so schlimm. Ich fange nämlich an, diese zwei Arbeitsstunden am Morgen im Weinberg zu genießen. Spotify spendiert mir mein Mixtape der Woche, während ich zwischen den Reihen stehe. Es ist die Zeit des Tages, die ich zum Nachdenken nutze – der große Vorteil an einfachen manuellen Arbeiten. Wenn man erst einmal im Rhythmus ist, sind die Hände beschäftigt, und der Geist ist frei für anderes.

Während 2021 noch verhältnismäßig viel Regen für Rheinhessen übrig hatte, kämpfen wir 2022 mit einem starken Dürresommer. Die kleinen Reben mit ihren noch kleineren Wurzeln sind noch nicht besonders tief und bekommen nicht ausreichend Wasser, um ordentlich zu wachsen. Das macht die Tätigkeit des Ausbrechens besonders wichtig. Es bedeutet, dass man die Rebpflanze durchsortiert und überflüssige Blätter und Triebe entfernt, sodass sie am Ende nur noch mit einem Haupttrieb zurückbleibt. So kann alle vorhandene Energie, alles Wasser und sämtliche Nährstoffe in das Wachstum nach oben gehen, und nichts wird verschwendet.

Nach wenigen Reben vermisse ich meine Plastikspangen. Während ich die zumindest auf rund einem Meter Höhe anbringen konnte, erfordert meine neue Aufgabe eine Arbeitshöhe von zehn bis vielleicht fünfzig Zentimetern über dem Boden, je nach Wachstum der Rebe.

Erschwerend kommen die kleinen blauen Plastikkörbchen hinzu, die um die Reben herum angebracht wurden, damit die Hasen und Rehe nicht die feinen jungen Triebe wegfressen. Ich starte die ersten Reben, indem ich meine Beine strecke und mich mit den Armen auf meinen Knien abstütze. Zuerst entferne ich das blaue Hasenkörbchen (Blau ist eine Farbe, die Wildtiere besonders gut wahrnehmen können, daher die Hoffnung, dass diese Farbe eine abschreckende Wirkung hat) und begutachte die Rebe. Wo sind die ungewollten Geiztriebe, und was ist der Terminaltrieb? Alle Geiztriebe und auch Unkraut, das gegebenenfalls in der Gegend wuchert, entferne ich mit der Hand. Teilweise sind die Geiztriebe so stark, dass ich eine Verletzung der Rebe, die eine potenzielle Eintrittsstelle für Krankheiten ist, provozieren würde, weshalb ich zusätzlich eine Rebschere dabeihabe.

Nach wenigen Stöcken brennen die Muskeln im unteren Rücken, und ich beginne mich vor die Rebe zu knien. Die trockenen Erdkrümel des Bodens bohren sich unangenehm in meine Knie. Aufstehen, Knie abputzen, zwei Schritte gehen und wieder hinknien fühlt sich wenig produktiv an. Also Zähne zusammenbeißen.

Nach einer Stunde und zwanzig Minuten habe ich die erste Reihe beendet. Es fühlt sich an wie eine Ewigkeit und die Reihen ziehen sich vor meinem inneren Auge lang und länger beim Ausblick, diese Arbeit die kommenden Wochen in allen Jungfeldern machen zu müssen.

Nachdem ich zwei Reihen abgefertigt habe, beende ich meinen Arbeitseinsatz für heute und bin heilfroh, als ich zu Hause unter der Dusche stehe und weiß, dass ich die nächsten zwanzig Stunden Ruhe vor dieser Tätigkeit habe.

Am Nachmittag schaut Opa kurz herein und erleichtert mich. Er erklärt, dass er den Riesling übernehme, sodass mir »nur noch« Sauvignon Blanc und Chardonnay bleiben.

»Opa, ich frage mich wirklich, wie du das mit deinen fast fünfundachtzig Jahren hinbekommst«, sage ich anerkennend. Er hebt nur verständnislos die Augenbraue und entgegnet: »Es macht mir eben nichts aus.« Fassungslos, was mit meinem Rücken falsch und mit seinem richtig ist, lässt er mich im Büro stehen.

Ich würde gern sagen, dass im Laufe der Tage und Wochen und mit der Gewöhnung alles ein bisschen angenehmer wurde, aber das wäre gelogen. Der Rücken schmerzt weiterhin, und ich bin jeden Morgen aufs Neue froh, wenn ich meine beiden Reihen geschafft habe. Wenn mir ein bisschen Jungfeldarbeit von meinen Großeltern abgenommen wird. Wenn mein Vater oder meine Mutter für eine Stunde mitkommt. Und ich verstehe endlich, wieso meine Oma immer so stolz auf ihre Jungfelder war. Für mich war ihre Arbeit in den Jungfeldern, die sie immer wort- und klaglos erledigt hat, solange ich denken kann, unsichtbar gewesen. Bis heute.

Das ist diese Form von Stolz, die man nur empfindet, wenn man selbst etwas geschaffen hat. Jede einzelne Rebe war ihr Baby, dem sie Wochen, Monate und Jahre beim Wachsen zugesehen hat, bis sie im dritten Jahr, quasi als Teenager, den ersten Ertrag brachten und in die maschinelle Bewirtschaftung übergehen konnten.

Ich freue mich darauf, denselben Stolz zu empfinden, wenn »mein« Sauvignon Blanc und »mein« Chardonnay das erste Mal geerntet werden und ich dann entspannt bei uns im Hof sitzen und erzählen kann, dass ich jede einzelne Rebe beim Namen kenne, weil ich sie mit meinem Schweiß und Blut großgezogen habe. Irgendwann.

August

Blattjagd in der Oberpfalz

Mittwochmorgen, mein Wecker rappelt um halb sechs. Ach nein, stopp. Mein Wecker sollte doch eigentlich erst um sechs Uhr klingeln … Aber Adelheid, der kleine schwarze Welpe, mittlerweile gut drei Monate alt, der in seiner Box unter meinem Bett nächtigt, hat entschieden, dass die Nacht schon um halb sechs vorbei ist, weil sie dann mal Pipi machen muss.

Ich klemme mir den Minidackel also unter den Arm, schmeiße mir den Bademantel über und stapfe mit Sturmfrisur hinaus in unsere Auffahrt, um das Tierchen zu erlösen und natürlich ausgiebig dafür zu loben, dass es seine Notdurft dort verrichtet hat, wo es soll.

Rheinhessen, nein, ganz Deutschland plagt in dieser ersten Augustwoche wieder eine starke Hitzewelle von Temperaturen jenseits der dreißig Grad, daher bin ich gar nicht so unbegeistert, meinen Tag im zarten Lüftchen der Klimaanlage des Autos zu verbringen. Auf mich warten nämlich gute vier Stunden Fahrt gen Osten, besser Süden, hin zu meinem Freund Simon, der mich bereits vor Monaten zum Blattjagdwochenende zu seinen Eltern ins heimische Revier nach Bayern eingeladen hat. Eine

131

Mischung aus Aufregung, Vorfreude und Nervosität liegt mir im Bauch. Einerseits weil ich Simon, Fernbeziehung sei Dank, seit fast vier Wochen nicht mehr gesehen habe, andererseits weil es in sein Revier geht. Das heißt für mich: das erste Mal Blattjagd außerhalb der heimischen Gefilde und erst das zweite Mal »richtige« Blattjagd überhaupt.

Blattjagd ist die Bejagung der männlichen Rehböcke in oder besser gesagt nach ihrer Brunftzeit. In der Brunft kümmern sich die Herren erst einmal um die »echten« Damen im Revier. Wenn dann im August alle Damen beschlagen sind, also gedeckt, suchen die Herren trotzdem weiter verzweifelt nach einer Möglichkeit, ihr Erbgut zu verbreiten, weshalb sie auf die von uns Jägern und Jägerinnen erzeugten Geräusche, die das weibliche Reh imitieren, reagieren und leicht erlegt werden können. Den richtigen Ton hat man traditionell mit einem Buchenblatt erzeugt, das man zwischen Daumen und Zeigefinger aufgespannt und hineingeblasen hat. Heutzutage gibt es allerlei Tools, »Blatter« genannt, die einfacher denselben Ton erzeugen.

Ich finde die Blattjagd eine besonders spannende Jagdform, weil es die einzige Zeit im Jahr ist, in der das Wild zum Jäger oder zur Jägerin kommt, statt dass man auf einem Hochsitz darauf warten muss.

Ich packe also alles für das verlängerte Wochenende in meinen VW-Bus. Wein für den örtlichen Dorfladen, für Simons Familie und die anderen Gäste. Schließlich geht es an einem solchen Wochenende nicht nur ums Jagen, sondern auch um die Geselligkeit. Mit Wein im Gepäck ist man ein gern gesehener Gast, und als Rheinhessin möchte ich den bierverwöhnten Bayern außerdem unsere regionalen Köstlichkeiten zeigen.

Bevor ich losfahre, müssen »schnell« noch Kundenbriefe fertig geschrieben, Bauarbeiten am Hof fotografiert und eintausend andere Sachen gemacht werden. Um zwei, statt wie geplant um neun Uhr, schaffe ich es endlich, meine Reisetasche, Büchse sowie meine drei Hundedamen ins Auto zu verladen und den Weg Richtung Autobahn anzutreten. Die Rüden müssen bei diesem Ausflug leider zu Hause bleiben, da Terrier Siggi seinen Geschlechtsgenossen gegenüber nicht allzu sozial eingestellt ist.

Gerade als ich meinen Zielort ins Navi eingetippt habe, sehe ich schon die erste Herausforderung. Die Fahrt wird heute mit rund fünf Stunden veranschlagt. Klar, denn nicht nur Blattzeit ist im August, sondern auch Sommerferien in ganz Deutschland. Die Autobahnen werden voll sein.

Bestla, meine Stichelhaarhündin, sitzt hinten, während ich die beiden Dackeldamen auf dem Beifahrersitz mit Hundegurten gesichert habe. Innerlich mache ich mir eine Notiz: »Letztes Mal Toilette für Adelheid um kurz vor zwei. Heißt, in spätestens zwei Stunden ist ein Toilettenstopp nötig.«

Unser Quartett fährt los, und wir hangeln uns von einem stockenden Verkehr in den nächsten Stau in die nächste Umleitung.

Nach gut zwei Stunden mache ich den ersten Stopp, um Adelheid rauszulassen, mich selbst ebenfalls zu erleichtern und mir einen Kaffee zu holen. Beim Öffnen der Autotür schlägt mir die pralle Hitze entgegen, und mir wird klar: Ich habe ein Problem. Drei Hündinnen im Auto bei 35 Grad und eine Waffe sind keine gute Kombination. Wenn ich das Auto verlasse, muss ich den Wagen verschließen, damit die Waffe geschützt ist.

Wenn das Auto allerdings komplett geschlossen ist, steht morgen unter reißerischer Überschrift in der *Bild*-Zeitung: »Jägerin quält ihre Hunde und lässt die Vierbeiner bei 40 Grad im Auto!« Die Hündinnen dürfen auch nicht mit in die Raststätte. Meine letzte Option ist, die Büchse samt Koffer mitzunehmen. Vielleicht kommt es aber nicht so gut, inmitten fröhlicher Familien mit zwei, drei, vier Kindern mit einem Waffenkoffer spazieren zu gehen.

Ich beiße also in den sauren Apfel, lasse die drei Damen sich lösen und hoffe, den Weg nach Bayern ohne Pipi-Stopp für mich bewältigen zu können.

Am Abend gegen sieben komme ich endlich im bayrischen Zieldörfchen an.

Nach einer fixen Brotzeit schnappen wir uns unsere Ausrüstung und machen uns auf den Weg ins Nachbarrevier, in das wir zum Blatten eingeladen wurden. Ich, die normalerweise nach dem Motto »Besser haben als brauchen« jagen gehe, also eigentlich immer alles für alle Eventualitäten dabeihabe, muss mich beim Thema Blattjagd ein wenig umstellen. Man sitzt nämlich nicht regungslos auf einem Hochsitz, sondern bewegt sich von Platz zu Platz. An jedem potenziellen Jagdort gibt man mit der Blatter eine Folge von Tönen ab und hofft, dass ein liebestoller Bock springt. Ich nehme also wirklich nur das Nötigste mit – meinen Gehörschutz und die Büchse. Trotz der Hitze zwinge ich mich, eine lange Hose und festes Schuhwerk anzuziehen, da ich lieber die ein oder andere Schweißperle in Kauf nehme anstatt Mückenstiche und Zeckenbisse.

Im Revier angekommen, heißt es: Schweigen. Möglichst lautlos greifen wir uns unsere Ausrüstung und schließen behutsam die Türen des Autos. Simon geht geschmeidig voran und ich hinterher. Ich bin immer wieder erstaunt, wie Simon das hinbekommt. Mit seinen gut einen Meter neunzig ist er keine zarte Erscheinung und im normalen Leben eher die Kategorie »polternd, laut«, aber sobald wir bei der Jagd sind und es um den Erfolg geht, wird dieser Riesenkerl plötzlich leichtfüßig und katzenartig ... Und dann komme ich. Mit meinen knapp einen Meter siebzig bin ich schon mal eine ganze Ecke kleiner und muss mich stark anstrengen, mit dem Tempo meines Pirschführers Schritt zu halten. Mit jedem zurückgelegten Meter wird der Abstand zwischen uns größer, und ich spüre nicht nur, wie mir der Schweiß bereits jetzt die Stirn herunterläuft, sondern auch, wie ich außer Atem komme. Die Stimme in meinem Kopf klingt höhnisch, als sie »Bum, bum, bum«, die Schritte eines Elefanten, *meine* Schritte, imitiert. Wie laut ich tatsächlich bin, kann ich schwer abschätzen. Die Wahrnehmung wird beim Pirschen verzerrt. Jedes kullernde Steinchen und jedes knackende Stöckchen erscheinen ohrenbetäubend laut, und jedes Mal denke ich: *Jetzt können wir auch eigentlich umdrehen. Definitiv jedes Tier hat mitbekommen, dass wir da sind.*

Das, was mich davon abhält, ist die Erfahrung, dass man wundersamerweise trotz aller Fehler nämlich doch immer wieder Tiere zu sehen bekommt. Und im aktuellen Fall noch Simons eiserner Schritt, der auf die Waldkante zusteuert.

Plötzlich bleibt er stehen und hebt die Hand. Wenn man ein Reh entdeckt, gibt es zwei Faktoren, die unbedingt beachtet werden müssen, damit man eine Chance auf Erfolg hat. Einerseits die Windrichtung, damit das Reh einen auf keinen Fall wittert, und andererseits die eigenen Bewegungen. Solange man sich in Zeitlupe oder am besten gar nicht bewegt, ist die Wahrscheinlichkeit, dass das Tier einen wahrnimmt, am geringsten.

Somit stehen wir nun beide wie versteinert wie bei der Pause beim Stopptanz am Rande des Feldweges, und ich suche fieberhaft mit den Augen zwischen den Bäumen nach dem Reh. Simon winkt mich unauffällig heran, deutet mit dem Kinn in Richtung elf Uhr und stellt mir seinen Pirschstock vor die Nase als Aufforderung, meine Büchse darauf zu positionieren.

Das Problem? Ich weiß immer noch nicht, wo das Reh sein soll. Ein ungesunder Cocktail von Unsicherheit, kombiniert mit Nervosität, macht sich in meiner Brust breit. *Bin ich gerade wirklich zu doof, ein Reh auf wenige Meter Entfernung zu sehen?* Ich suche weiter die Baumreihen ab, immer wieder, von links nach rechts und rechts nach links. Simon startet unterdessen das Blatten in der Hoffnung, den Bock ein wenig näher heranlocken zu können.

Da! Endlich habe ich eine schnelle Bewegung zwischen den Bäumen wahrgenommen, das muss der Bock sein. Der macht jetzt einen Satz in unsere Richtung, versteinert, äugt starr zu uns – und macht kehrt. *So ein Mist, er hat Wind von uns bekommen!*, schießt es mir durch den Kopf. Hohe Bogen schlagend, verschwindet der Bock zurück ins Dickicht des Waldes. Jedoch nicht, ohne seine Artgenossen durch charakteristisches Bellen, das sogenannte Schrecken, zu warnen.

Wir wechseln im Laufe des Abends noch mehrmals den Platz. Ich glaube, Simon hat bemerkt, wie schwer ich mich im Wald tue. Im heimischen Revier haben wir quasi nur Feld, dementsprechend ist das Jagen im Wald für mich und besonders für meine Augen absolutes Neuland. Die nächsten beiden Plätze liegen dementsprechend an Feldkanten. Theoretisch bessere Sicht für mich, praktisch ist mir Diana, die Schutzheilige der Jagd, trotzdem nicht hold. Nachdem wir auch den dritten Platz erfolglos abgeklappert haben und der Abend langsam, aber endgültig die sanften bayerischen Hügel in Dunkelheit taucht, entscheiden wir, die Blattjagd heute für beendet zu erklären. Schließlich haben wir noch zwei weitere Tage Zeit, um Beute zu machen.

Für mich ist das Zu-Gast-Sein in anderen Revieren immer eine ambivalente Sache. Einerseits genieße ich es, neue Leute zu treffen, die derselben Leidenschaft wie ich frönen, andererseits stehe ich persönlich leider auch immer unter einem gewissen Leistungsdruck. Ich bin mir nicht ganz sicher, ob das einfach an mir als Person liegt, die sich immer mit allen anderen vergleicht, oder an meiner Rolle als Frau in der Jagd.

Ich denke, es ist hinlänglich bekannt, dass die grüne Zunft in der Vergangenheit hauptsächlich eine Männerdomäne war. Frauen, wie beispielsweise meiner Mutter oder meiner Oma, kam lediglich die Rolle zu, Treib- und Drückjagden zu bewirten und das grob zerlegte Wild, das ihre Göttergatten aus dem Wald mitbrachten, in wundervoll duftende und wohlschmeckende Gerichte zu verwandeln. Frauen in Wald und Flur, also tatsächlich auf der Jagd, sind eher ein Phänomen der Gegenwart. Laut neuesten Zahlen des Deutschen Jagdverbandes liegt die Frauenquote im Jahr 2022 immerhin bei elf Prozent (davor waren es sieben Prozent), zusammen mit einer geschlechterübergreifenden Verjüngung der Jägerschaft, deren Durchschnittsalter von 57,3 Jahren 2016 auf 56,3 Jahren heute gesunken ist.

Trotz dieser Zahlen geistert in meinem Kopf doch oftmals

anderes herum. Zu oft habe ich die Aussage gehört, »Frauen haben auf der Jagd nichts zu suchen«, niemals direkt ins Gesicht, sondern immer nur über Ecken.

Ich frage mich, woher diese Einstellung rührt. Haben die Herren Sorge, einen ihrer letzten Rückzugsorte aufgeben zu müssen? Oder ist es das stumpfe »Haben wir schon immer so gemacht«? Egal, was der Grund ist, in meinem Kopf sorgt es dafür, dass ich das Gefühl habe, etwas beweisen zu müssen.

Ist man zu zaghaft beim Schießen, heißt es: »Die traut sich nicht.« Schießt man zu leichtfertig, ist man ein »Flintenweib«. Trifft man dann vielleicht nicht perfekt, wird einem nachgesagt, man könne gar nicht ordentlich schießen. Irgendwo in diesem Erwartungshorizont gilt es für mich, mich zu bewegen.

Ich bin mir allerdings fast sicher, dass vieles von dem, was ich meine wahrzunehmen, eher in meinem Kopf vorgeht als in der Realität. Ich habe schon an unzähligen Jagden teilgenommen, oft als einzige oder eine von wenigen Frauen, und wurde direkt und ohne Vorbehalte in die Truppe integriert. Ohne blöde Sprüche oder Baggerversuche, einfach als mitjagende Person oder als Hundeführerin, von der der jagdliche Erfolg des Tages ebenso stark abhängt wie von allen anderen.

Ich möchte euch keinesfalls die Geschichte vorenthalten von dieser einen Drückjagd in den Moselhängen ... Eine der schwersten und anstrengendsten Bewegungsjagden, die ich kenne, by the way. In Zweier- und Dreiergruppen schlagen wir uns dort jedes Jahr durch alte, mit Brombeeren überwachsene Weinberge. Wohlgemerkt, Steilhänge mit losen, glitschigen Schiefersteinen. Mein Teampartner für diesen Tag war ein junger Mann, der als Treiber mit dabei war. Ungefähr so alt wie ich, ohne Jagdschein und ohne Hunde. Er hatte nichts Besse-

res zu tun, als mir, während ich mit Waffe, Messer und Schlag-
schutzhose auf allen vieren durch die von Wildschweinkör-
pern geformten Tunnel in den Brombeeren kroch, geschlagene
dreißig Minuten lang zu erklären, wie heiß er Jägerinnen und
Frauen allgemein auf der Jagd finde. Er versuchte mich allen
Ernstes mit seiner direkten, leider wenig charmanten Art anzu-
baggern, während mein Fokus allein auf den Schweinen in den
Hecken lag.

Betrachtet man das Thema »Frauen und Jagd« zusammenge-
fasst, würde ich sagen, dass es wahrscheinlich, wie überall im
Leben, solche und solche gibt. Es gibt Menschen, die an alten
Strukturen festhalten und es aus Gewohnheit oder Engstirnig-
keit heraus auch nicht anders haben möchten. Und es gibt Menschen und ganze Jagdgesellschaften, in denen auch Frau sich
pudelwohl fühlen kann und das Gefühl hat, dass es nie anders
war.

Frauen haben die Jagd definitiv bunter, vielfältiger und keineswegs schlechter gemacht, und ihre Akzeptanz und Integra-
tion in die grüne Zunft sind keine Altersfrage, sondern eine
(jagd-)gesellschaftliche. Egal, wie es vonstattengeht, es wird
unumgänglich sein – zum Glück.

Aber zurück zur Blattjagd: Freitagnachmittag trudeln nach und
nach die anderen geladenen Gäste von nah und fern ein. Kurz
nach dem Abendessen geht ein grüner Lodenhut herum mit
vielen klein zusammengefalteten Zetteln darin: die Auslosung
der Teams. Plan ist, im Duo zu jagen, sodass eine Person blattet
und die andere sich vollkommen auf das Ansprechen und Erlegen des Bockes konzentrieren kann.

Wieder werde ich nervös: Wer wird mein Partner oder meine

Partnerin sein? Was wird mein Partner oder meine Partnerin über mich denken? Verstehe ich überhaupt seinen oder ihren Dialekt (das ist für mich als Rheinhessin in der Oberpfalz keine Selbstverständlichkeit). Vorsichtig, als würde mich darin sonst etwas erwarten, greife ich in den Hut und entfalte meinen Zettel: »Marion« steht da in einer krakeligen Handschrift. Yeah! Das ist Simons Schwester. Perfekt! Dieser Glücksfall nimmt mir schon mal ein gewaltiges Gewicht von den Schultern. Marion und ich verstehen uns gut und gehen mit der gleichen Art Humor an das Wochenende heran – wenn nichts springt, ist das so, uns geht es vor allem um die Geselligkeit.

Während ich mich noch über meine Partnerin freue, gibt es verwirrte Blicke in der Runde: Unsere Verlosung geht nicht auf. Ein Jagdgast hat krankheitsbedingt abgesagt, und wie es der Zufall will, ist Simon nun partnerlos. Damit ist die Sache für Marion und mich sofort klar: Wir gehen als Trio! Zwei Damen, die sich voll und ganz auf den Schuss konzentrieren können, und Simon als Meister am Blatter – das verspricht Erfolg.

Nach einem reichlichen Frühstück am Samstagmorgen packen wir unsere Sachen zusammen, steigen ins Auto und fahren raus ins Revier. Mit drei Personen ist die Gefahr natürlich noch größer, ein Geräusch zu machen. Außerdem sind die bayerischen Waldrehe wesentlich empfindlicher als ihre Artgenossen bei uns zu Hause. Waldtiere sind generell weniger Geräusche gewohnt und reagieren entsprechend empfindsam auf alles irgendwie Ungewöhnliche.

Am Parkplatz angekommen, öffnen wir in gewohnter Manier vorsichtig die Türen und greifen unsere drei Waffen sowie Pirschstock und Blatter. Im Entenmarsch, auf jedes Steinchen und jeden trockenen Ast bedacht, schleichen wir ins Grün. Alles wirkt ruhig. Wie sehr ich es genieße, im Wald jagen zu gehen! Trotz der heißen Temperaturen setzt hier augenblicklich ein kühlender Effekt ein, und die Vegetation wirkt um einiges lebendiger als bei uns im vertrockneten Rheinhessen.

Hintereinander hertippelnd folgen wir Simon, der zielstrebig mit gewohnt großen Schritten voran- und tiefer in den Wald hineingeht. Nach einigen Minuten des Schweigens und lautlosen Pirschens kommen wir an eine größere Lichtung, die gute Sicht bietet. Ich bin dankbar dafür, denn die Fläche bietet mir ein paar Sekunden Zeit, um mich gegebenenfalls auf die Situation einzustellen und mich einzurichten.

Simon weist uns ein: Ich bekomme den Pirschstock vor die Nase gestellt, um meine Waffe darauf auszurichten, und ein Nicken nach links bedeutet, dass ich in dieser Richtung die Augen offen halten solle. Marion stellt sich mit der Büchse an einen schmalen Baum, um die Waffe dort anzulegen. Sie behält den rechten Bereich im Blick. Simon lässt sich zwischen uns beiden in der trockenen Waldstreu nieder und lehnt sich an eine dicke Kiefer. Er legt den Blatter zwischen die Lippen und beginnt mit dem charakteristischen Fiepen. Es dauert nur wenige Sekunden, da erkenne ich das dumpfe Galoppieren eines Rehs auf dem Waldboden. Fast im selben Moment bricht ein Bock geradeaus vor uns in irrwitzigem Tempo durch das Unterholz. Er nimmt uns nicht wahr und sucht stattdessen fuchsteufelswild nach einem potenziell konkurrierenden Artgenossen. Er biegt ab und befindet sich nun genau in meinem Schussfeld.

Meine Büchse ist geladen und entsichert, und ich versuche mit der Geschwindigkeit seiner Bewegungen mitzuhalten und ihn ins Visier zu bekommen. Keine Chance, der werte Herr ist viel zu schnell unterwegs.

Im nächsten Moment schlägt er einen Haken und wechselt den Kurs. Er bewegt sich jetzt sehr schnell in Marions Richtung.

Ich verfolge den Bock noch so lange durch das Visier meiner Büchse, bis ich eine Gefährdung meiner beiden Begleiter*innen nicht mehr ausschließen kann, und erstarre dann in der Bewegung. Mit unserer Ausbildung ist uns allen in Fleisch und Blut übergegangen, dass wir, egal, wie hektisch die Situation ist, niemals mit dem Lauf unserer Waffe auf einen Menschen zeigen.

Simons Schwester folgt nun dem Bock und versucht ihn ins Visier zu bekommen, leider in den ersten Sekunden ebenfalls erfolglos. Der Baum, der ihr eigentlich helfen soll, ist ihr im Weg. Ich wechsele einen Blick mit Simon. Wir wissen, dass uns nur noch wenige Sekunden bleiben, bis der Bock versteht, dass er hinters Licht geführt wurde.

Marion lässt den Lauf ihrer Waffe ein wenig sinken und geht einen kleinen Schritt nach links, sodass sie freies Feld hat. Sie muss die Waffe jetzt aber mit der bloßen Hand fixieren, weil sie keinen Stamm mehr hat, an dem sie anstreichen kann. Blitzschnell richtet sie sich ein, um frei stehend zu schießen.

Im selben Moment bellt Simon ein lautes »Bau!«, er imitiert damit das Schrecken, den Warnruf der Rehe.

Der Bock bleibt wie vom Blitz getroffen stehen, hält inne und versucht zu erkennen, woher die Warnung kam.

Im gleichen Moment rumst der Schuss aus Marions Waffe. Der Bock fällt auf der Stelle um und beginnt mit seinen Läufen zu schlegeln, also unwillkürlich hin und her zu zucken. Ein typisches Bild, wenn das Tier tödlich getroffen wurde.

Marion lädt trotzdem die Waffe nach. Eine Gewohnheit, die

der Sicherheit dient: Falls das Tier doch noch mal aufstehen sollte, könnte man einen zweiten Schuss antragen. Aber das ist in diesem Fall nicht nötig. Nach rund dreißig Sekunden kommt der Bock zur Ruhe. Er hat seinen letzten Atemzug getan. Wir schreiten die dreißig, vielleicht vierzig Meter zu ihm hin. Während Simon seiner Schwester ein freudiges »Waidmannsheil« zuruft, kniet sich Marion neben den Bock, senkt den Blick, legt ihm die Hand aufs Fell und hält einen Moment inne. Ich wiederum strahle einfach nur von einem Ohr zum anderen und freue mich, dass es für sie heute geklappt hat.

Ein Leben zu nehmen oder auch nur dabei zu sein, ist keine alltägliche Sache – für niemanden von uns –, und jeder und jede hat seine und ihre eigene Art und Weise, mit solch einem außergewöhnlichen Erlebnis umzugehen.

Nach einigen Minuten des Innehaltens, Begutachtens und auch des Freuens nehme ich Marion die Büchse ab, sodass sie ihren Bock bergen kann. Denn nun beginnt für uns die eigentliche Arbeit: der Weg vom Lebewesen zum Lebensmittel.

Mythen über Jäger*innen

Jäger*innen töten aus Freude

Das Erlegen von Tieren ist ein notwendiges Muss im Handwerk eines/einer jeden Jäger*in. Es ist notwendig, um das Artengleichgewicht zu halten und/oder, um ein hochwertiges Lebensmittel zu erhalten. Dabei ist das Erlegen von Tieren nur ein kleiner Teil des Tätigkeitsbereichs von Jäger*innen.

Jäger*innen lassen Tiere elendig sterben

Jäger*innen tragen die moralische, aber auch gesetzliche Pflicht, verunfallte und/oder verwundete Tiere nachzusuchen. Das heißt, dass mittels eigens ausgebildeten Hundes und/oder über ein offizielles Nachsuchegespann die Spur des Tieres (über Knochen, Haar und Blut) so lange verfolgt wird, bis man das Tier *erlösen* kann.

Jäger*innen sind Tierquäler*innen

Im Gegenteil, Jäger*innen vermeiden Tierleid. Durch die Regulation der Wildtierpopulation verhindern sie das Ausbreiten von Krankheiten, sorgen für ausreichend Nahrungsgrundlage zum Überleben und vermeiden Wildunfälle. Jagd ist aktiver Naturschutz.

Die Fuchsjagd ist unnötig

Die Jagd von Füchsen und allgemein von Prädatoren, wie auch Dachs, Rabenkrähe oder Waschbär, ist dringend notwendig, da die Anzahl ihrer natürlichen Feinde und dezimierender Krankheiten niedrig ist. Durch die steigende Zahl an Prädatoren haben andere Wildarten, wie zum Beispiel Hase oder Fasan, schlechte Überlebenschancen. Jäger*innen greifen hier unterstützend ein.

Alle Jäger sind alt

Das Klischee des alten, immer männlichen Jägers lebt weiter. Tatsächlich aber wird die Jagd immer bunter. In den vergangenen Jahren stieg die Zahl an jungen Jäger*innen kontinuierlich an. Der Frauenanteil liegt seit 2022 über elf Prozent.

Jäger*innen können nicht schießen

Jäger*innen trainieren regelmäßig, um so gut wie möglich zu schießen. Dafür gehen sie beispielsweise zum Schießstand, wo sie auf stehende und bewegliche Ziele schießen, oder ins Schießkino. Im Schnitt besuchen Jäger*innen dreimal jährlich ein Schießtraining.

Viele Jagden fordern für die Teilnahme einen Nachweis über regelmäßiges Schießtraining.

September

Henriette vom Kanonenturm

Im Sommer 2017 steuerte mein damaliger Freund auf seine Masterarbeit zu. Wir wohnten in einer gemeinsamen Wohnung im schönen Bingen, keine fünfzehn Minuten vom Weingut entfernt, und alles war so weit in Ordnung. Wohnen und Arbeiten ließ sich mit kurzen Wegen wunderbar vereinbaren. Bis er die W-Bombe platzen ließ: »Shanna, ich habe eine Masterstelle in Wolfsburg.« Gute viereinhalb Stunden Fahrt von Bingen entfernt. Da musste ich erst mal schlucken. Aber seine Entscheidung war unumstößlich, und ich musste mich darauf einstellen.

Was macht man also als impulsive 25-Jährige mit Niederwildrevier? Genau, man kompensiert seinen Verlust mit einem Hund, am besten mit einem, den man auch jagdlich nutzen kann – und ganz klar, es musste eine Hündin sein! Nicht nur, um endlich das Vierbeiner-Patriarchat im Hause Reis zu beenden, sondern auch, weil ich mir sehnlichst den anhänglichen Kuschelhund erhoffte, der mir bisher noch immer verwehrt geblieben ist.

Klar war auch: Diese Hündin sollte für die Baujagd gemacht sein, also für die Jagd auf den Fuchs! Darum musste die Wunschkandidatin kleiner ausfallen als die beiden Stichelhaarköpfe, die ich damals bereits besaß, die allerdings bei meinen Eltern auf dem Hof lebten. Blieb Terrier oder Dackel.

Deutscher Jagdterrier? Keine Chance, ich wollte doch etwas mehr als ein Gebiss auf vier Beinen (Anmerkung: Heute denke ich darüber ein wenig anders). Blieb also Parson Russell Terrier (weiß) oder Dackel. Ein Langhaardackel kam für mich jedoch keinesfalls infrage, wegen der Pflege, und ein Kurzhaardackel ebenso wenig, weil ich schon immer Hunde bevorzuge, die eher einem Wischmopp als einem Vierbeiner ähneln.

Bei beiden Rassen hatte ich gute Kontakte, die züchteten und mir sicherlich unter die Arme greifen würden.

Als einer meiner Züchterkumpel mir dann das Foto seines neuen Wurfes »vom Kanonenturm« zuschickte und ich eine braune Hündin darunter entdeckte, war es um mich geschehen. Bald sollte mich eine Rauhaardackellady auf krummen Beinen durchs Leben begleiten.

Wenige Tage später hatte Henriette vom Kanonenturm ihren Namen – sie entstammt einem H-Wurf –, und für mich ging das Warten los, bis ich endlich die Zwei-Kilogramm-Hündin zur achten Lebenswoche beim Züchter abholen durfte.

Rückblickend die beste Entscheidung meines Lebens!

Wenn auch keine, die ohne Weiteres von meiner Familie akzeptiert wurde. Ich muss dazusagen, dass unseren Haushalt bis dato nur sogenannte hochläufige Hunde, also große Tiere jenseits der Dreißig-Kilogramm-Marke, bewohnen durften. Sowohl meine Mutter als auch mein Vater hätten sich, hätte jemand sie gefragt, definitiv und ganz eindeutig gegen eine »Fußhupe« ausgesprochen.

Als ich jedoch an jenem Sonntagmittag in Aspisheim ankam und das braune Knäuel namens Henriette auf den Wohnzimmerteppich setzte, spürte ich die eisigen Herzen meiner nächsten Verwandtschaft beim Anblick des kleinen Tierchens regelrecht auftauen.

Meine guten Vorsätze waren klar: Bei dieser Hündin wollte ich alles richtig machen. Zu Beginn von »Alles richtig machen« steht bei Welpen die Stubenreinheit. Henriette bekam eine Hundebox, in der sie schlafen und die sie als Rückzugsort nutzen sollte. Selbst junge Hunde erkennen den Ort an und vermeiden, ihr Geschäft in ihrem »Bett« zu verrichten. Auf diese Weise kommt man schneller zum Ziel »Stubenreinheit«.

Hätte ich damals bereits gewusst, wie lang und steinig dieser Weg werden würde, hätte ich mich vermutlich lauthals ausgelacht.

Stattdessen setzte ich Klein-Henriette zur Eingewöhnung motiviert in ihre Box – und musste erst mal tüchtig die Zähne zusammenbeißen, da Madame den heimeligen Rückzugsort mehr als Gefängnis wahrzunehmen schien und herzerweichend jaulte und fiepte. Damit war für mich gleich Lektion Nummer eins gelernt: Egal, wie süß die Kleine ist, nur mit Konsequenz kann ich in Sachen Erziehung etwas erreichen.

Ich zog also durch: Futter im Napf durfte erst verspeist werden, wenn ich es erlaubte. Ich ging als Erstes durch die Tür, das Hündchen hatte zu warten. Übernachtet wurde immer in der Box, und auf die Couch durfte sie nur auf Kommando beziehungsweise wenn der kleine braune Dackelkörper vom Menschen seines Vertrauens hochgehoben wurde.

Henriette bekam sehr schnell eine Vielzahl an Spitznamen und Verniedlichungen verpasst: Sir Henri, Henrietto, Henrietti-

Konfetti, El Daquel, Dackelini, Henri, Henrietczky und auch weniger charmante wie Kackel oder Pissnelke. Die letzten beiden Spitznamen sind eine gute Überleitung zu dem, was ich jetzt erzählen möchte. Vielleich könnt ihr euch denken, dass sie keiner besonders guten Laune des Frauchens entsprungen sind ...

Die Prophezeiung von Henris Züchter sollte sich bewahrheiten: »Shanna, Dackel sind einfach Schweine. Die sind nicht zu vergleichen mit ›normalen‹ Hunden.«

Immerhin, das Thema »Pipi gehört auf den Rasen« hatte ich mit Henriette innerhalb der ersten zwei bis drei Monate relativ gut klären können. Madame löste sich anfangs, wo sie ging und stand, was mit ausgiebigem Schimpfen im Haus und überschwänglichem Loben auf dem Rasen vorm Haus einherging. Wenn man dem Hündchen einigermaßen Aufmerksamkeit schenkte und sie beim leisesten Quietschen Richtung grüne Fläche schob, war man vor dem Problem der kleinen und mittelgroßen nassen Flecken im Haus sehr gut gefeit.

Das Problem stellte das große Geschäft dar. In unserem Haus geht man von der Haustür die Treppe hoch und kommt in die Küche, diese führt ins Esszimmer und dieses wiederum ins Wohnzimmer. Von dort aus geht es in den Flur (und das Obergeschoss) sowie weiter ins Büro, um abschließend wieder im Hauseingangsflur mit Treppe anzukommen. Alles also relativ unübersichtlich, um zwei Kilogramm Fell dauerhaft im Blick zu haben. In unserem Wohnzimmer steht, wie in vermutlich vielen deutschen Wohnzimmern, eine L-förmige Couch, die auf einem alten, dunkelrot gemusterten Perserteppich thront. Im Rücken hat man den Garten mit Gartenfenster und dazugehöriger Fensterbank. Zwischen Fensterbank und Couch sind rund zwanzig Zentimeter Platz. Damit habt ihr nun nicht nur eine detaillierte Beschreibung unseres Wohnzimmers erhalten, sondern auch die von Henriettes liebstem Toilettenplatz. Die gesammelte Familie Reis schwebte fast ein Jahr lang in steter Gefahr, in eine zart duftende, braune Hinterlassenschaft unseres kleinen Kackels zu treten, wenn wir beim Sprint zum Festnetztelefon auf der Fensterbank hinter die Couch hechteten.

Auch wenn sich diese Phase sehr lange hingezogen hat, war sie glücklicherweise irgendwann vorbei und sorgt noch heute immer wieder für amüsante Anekdoten bei Familienzusammenkünften.

Parallel zu unserem Stubenreinheitskampf musste Henriette natürlich auch das lernen, was ihre Aufgaben als Jagdhündin sind. Dazu gab es auch einige Prüfungen zu bestehen. Hundeprüfungen, egal ob jagdlicher Natur oder nicht, sind meiner Meinung nach auf vielerlei Ebenen wichtig. Einmal ist es ein Anreiz für Mensch und Tier, regelmäßig miteinander zu trainieren, was dafür sorgt, dass man als Team besser funktioniert. Mit den Prüfungsergebnissen gibt man außerdem Rückmeldung an Züchtende und Zuchtvereine, ob die Ziele, nach denen gearbeitet wird, sinnvoll und gut umgesetzt sind. In letzter Instanz ist das Training für einen selbst wichtig, falls man mit dem eigenen Hund oder der eigenen Hündin züchten möchte, denn nur mit Papieren und bestandenen Prüfungen ist eine offizielle Zuchtfreigabe des Hundes oder der Hündin machbar.

Ich meldete mich also mit Henriette im Deutschen Teckelklub an. Glücklicherweise sind Dackel, zumindest zahlenmäßig, eine sehr große Rasse, und dementsprechend engmaschig ist das Vereinsnetz, weshalb ich unseren jagdlichen Trainingsort nur 25 Autominuten von uns entfernt in Kirchheimbolanden fand.

Vor allen weiteren jagdlichen Prüfungen steht die sogenannte Schussfestigkeit als Voraussetzung. Das bedeutet, der Hund muss zeigen, dass er mit dem lauten Knall eines Schusses zurechtkommt und weder Angst, Panik, Aggression noch irgendein anderes unangemessenes Verhalten an den Tag legt. Das dient einerseits der eigenen Sicherheit und andererseits dem Tierschutz. Überlegt mal, ihr schießt und der Hund beißt vor Angst zu oder zieht euch mit der Leine um. Jagen soll den Tieren Freude bereiten und sie und euch nicht in unangenehme Situationen bringen. Ergo dürfen nur Jagdhunde weiter ausgebildet werden, die auch mit dem Knall zurechtkommen. Für die Prüfungssituation heißt das: Man geht samt Schrotflinte auf einen Acker und schickt den Hund mit dem Kommando »Voran« auf die Suche, sodass er sich vom Führenden löst. Hat der Hund eine gewisse Distanz erreicht, 25 bis 50 Meter, gibt man im 45-Grad-Winkel einen Schrotschuss ab. Nach wenigen Sekunden einen zweiten. Zeigt sich der Hund von der Geräuschkulisse unbeeindruckt, darf man nach dem Okay der Prüfer den Hund zurückrufen und ihn natürlich ausgiebig loben.

Für die Umgebung stellen diese Prüfungsschüsse übrigens keine Gefahr dar, weil Schrot einen geringen Gefahrenradius von gut dreißig Metern hat. Da man sich bei dieser Prüfung auf einem gut überschaubaren Acker befindet, schießt man einfach in die Richtung, in der sich nichts und niemand befindet, sodass alle auf der sicheren Seite sind.

Henriette hat die Schussfestigkeit problemlos bestanden, sodass wir uns der nächsten Voraussetzung zuwenden konnten, der sogenannten Spurlautprüfung.

Teckeln (und allen anderen Stöberhunden) ist in der Regel angewölft, also angeboren, dass sie, wenn sie den Geruch von Wild in die Nase bekommen, einen sogenannten Spurlaut von sich geben. Henri gibt in diesem Fall zum Beispiel mit einem hohen, ausdauernden Kläffen Bescheid, dass sie auf der frischen Spur eines Wildtieres ist.

Neben dem Spurlaut gibt es noch den sogenannten Sichtlaut, den man in der Regel eher bei größeren Hunden, wie etwa meinen Stichelhaaren, entdeckt. Hier sind die Hunde auf der frischen Fährte lautlos und fangen erst an, Laut zu geben, also zu bellen, wenn das Wildtier für sie sichtig ist.

Im Hinblick auf Gesellschaftsjagden ist ein spurlauter Hund definitiv im Vorteil gegenüber einem sichtlauten Hund. Wild und Jagdteilnehmer hören durch das Bellen bereits von Weitem, dass sich ein Hund nähert. Einerseits erschrecken sich so die Wildtiere nicht und fliehen panisch, sondern agieren mehr nach dem Motto:»Achtung, dahinten kommt was, ich denke, wir verziehen uns mal lieber langsam.« Auf diese Weise haben die Tiere weniger Stress. Andererseits ist der Schütze durch den herannahenden Laut des Hundes bereits vorgewarnt, dass da bald etwas kommen könnte, und hat dann an seinem Standort länger Zeit, das entsprechende Tier zu begutachten, um Alter, Geschlecht und Gesundheitszustand festzustellen.

Teckel sind unter anderem für das Stöbern im Wald gezüchtet, also genau für den Einsatz auf eben genannten Gesellschaftsjagden. Dementsprechend ist es genetisch gewollt, dass der Hund spurlaut ist, weshalb das früh im Hundeleben geprüft wird und die Basis für alle weiteren jagdlichen Prüfungen bildet.

Für Henri und mich bedeutete das konkret, dass ich mich mit meiner zehn Monate alten Junghündin an einem Morgen Ende

September 2018 um sieben Uhr mit dem Auto auf eine zweistündige Fahrt zur Spurlautprüfung aufmachte.

Für die Spurlautprüfung begibt man sich mit anderen Hundeführern und Hundeführerinnen und ihren Hunden in ein Revier, welches einen guten Hasenbestand aufweist und viele Feldflächen. An der Feldkante stellt man sich in einer Reihe auf, ein Prüfer bildet das Ende der Reihe, einer steht in der Mitte. Nun geht es darum, Hasen aufzuspüren und sie auf die Läufe zu bringen, also in Bewegung zu versetzen. Um das zu schaffen, geht man im Gänsemarsch, »hopp, hopp« rufend, über den Acker. Je nach Wetterlage ist das ein mehr oder weniger angenehmes Unterfangen. Bei Regen haben solche Äcker in der Regel nämlich recht unangenehme Auswirkungen auf die Schuhe, entweder sind diese in kürzester Zeit vollkommen durchnässt oder dank der klebend-lehmigen Dreckklumpen fünf Kilo schwerer. Hinzu kommt, dass jeder Hund mehrere Chancen bekommt, sodass, wenn es echt dumm läuft, so eine Prüfung den ganzen Tag dauern und mehr als zehn Kilometer Laufleistung von Mensch und Hund abverlangen kann.

An unserem Prüfungstag regnete es. Bedenkt bloß mal, was die kleinen Stummelbeinchen von Jung-Henriette an diesem Tag so alles leisten mussten.

Zurück zur Geschichte: Wir liefen also in Rudelstärke über den Acker, riefen regelmäßig-unregelmäßig »Hopp, hopp« und warteten darauf, dass jemand diese Monotonie mit einem überraschten »HASE!« durchbricht. Tatsächlich passierte das dann auch zwei Personen neben mir zeitgleich. Interessanterweise suchen Hasen bei Gefahr übrigens nicht gleich das Weite, sondern drücken sich, so flach es geht, in den Acker hinein, sodass ihr Fell mit dem braunen Untergrund verschmilzt. Man nennt diese Mulde eine »Sasse«. Im Falle unserer Spurlaut-Expedition war diese Taktik allerdings wenig vielversprechend.

Ich stellte meinen schwermatschigen Schuh vor Henriette ab und ging gleichzeitig in die Hocke, um meiner Dackeldame die Augen zuzuhalten. Schließlich sollte sie den Hasen nicht sehen, sondern gleich erschnuppern. Mit einer Mischung aus sanfter Gewalt und Konsequenz legte ich meine Hände um ihre Schnauze, sodass die Handflächen ihre Augen verdeckten, und nahm meine Hündin zwischen die Oberschenkel, sodass sie stillstehen musste.

»Frau Reis, Sie sind als Nächstes dran mit Henriette!«, rief mir einer der Prüfer zu. Mir rutschte das Herz in die Hose. Natürlich machte Henri diese Übung normalerweise mit links, aber wir waren nun mal in einer Prüfungssituation, die zumindest zuchttechnisch über die Zukunft meines braunen Wollknäuels entscheiden würde. In diesem Fall durfte man schon mal etwas flattrig im Nervenkleid werden. Da fragte mich der Prüfer auch schon, ob ich bereit sei. Ich nickte und fühlte mich etwas flau. Im gleichen Moment machte der Prüfer einen Schritt Richtung Hase, sodass der die Gefahr nicht mehr aushielt und Haken-schlagend das Weite suchte. Außer Sicht, griff ich nach Henriette und setzte sie ein, zwei Schritte hinter der Sasse auf die Hasenspur an. Jetzt galt es!

Henri schaute für den Bruchteil einer Sekunde etwas verwirrt in der Gegend herum, bis sie plötzlich bemerkte: »Ui, hier riecht's nach Hase!« Im nächsten Moment saugte sich ihre Schnauze an dem braunen Ackerboden fest, und sie startete hell kläffend ihren Sprint, genau die Haken des Hasen nachzeich-nend. Ich spürte, wie das Adrenalin in meinen Fingerspitzen kribbelte, aber auch, wie mein Herz langsam leichter wurde und sich ein zaghaftes Lächeln in meinem Gesicht ausbreitete. Egal, wie viele Punkte es werden würden – die Prüfung hatte Fräulein Henriette definitiv bestanden. Ein Häkchen mehr auf der Checkliste zur »richtigen« Jagdhündin.

Die nächste Prüfung, der Wassertest, war dann doch ein bisschen heikler, da es dabei um das kühle Nass geht, zu dem Henri ein eher ambivalentes Verhältnis hat.

Wenn ich morgens mit meinen Hunden rausgehen will, springen sie freudig aufgeregt um mich herum und können es kaum erwarten, nach draußen zu kommen. Nicht so meine Dackeldame: Wenn Henriette nach dem genüsslichen Strecken am Morgen feststellt, dass die Luft ein klitzekleines bisschen nach Regen oder auch nur erhöhter Luftfeuchtigkeit riecht, dann schaut sie mich aus ihren großen Dackelaugen an, neigt den Kopf zur Seite und tippt sich zart mit ihrer hellbraunen Pfote gegen die Stirn, um mir mitzuteilen: »Shanna, ich bin doch nicht bescheuert – bei dem Hundewetter gehe ich nicht raus!« Daher haben Henri und ich den unausgesprochenen Vertrag geschlossen, dass es an nassen Tagen okay ist, wenn sie am Terrassenfenster Bescheid gibt, um sich zu lösen.

Einen Spitznamen habe ich ja noch vergessen: Hot Dog. Denn wenn sich unsere »normalen« Hunde entscheiden, in den kühlen Weinkeller zu gehen oder sich zumindest in den Schatten zu legen, weil ihnen zu warm ist, ist dies das Kommando für unsere braune, lange Hündin, dass die Temperaturen nun endlich stimmen und sie sich voller Genuss in der Sonne im Hof braten lassen kann. Diese Liebe zur Hitze gipfelt darin, dass diese kleine, bescheuerte Hündin sich einmal mitten im Hochsommer freiwillig ins Auto gelegt hat, um dort zu saunieren.

Ihr könnt euch also denken, dass ein Test, bei dem Henri aus dem stehenden Gewässer einen Gegenstand anlanden, also bis zum Ufer, bringen soll, für gewisse Schwierigkeiten sorgen könnte. Glücklicherweise ist der Wassertest für die Zucht ein Kann-Test und kein Muss-Test, also ging ich das Risiko ein und wagte am Tag der Spurlautprüfung auch noch den Versuch des Wassertests.

Da es sich um eine jagdliche Prüfung handelt, wird sogenanntes Schleppwild verwendet, also jagdbare Wildarten, in unserem Fall war das eine tote Stockente, die ins Gewässer geworfen wurde. Meine Dackeldame musste hinterher und die Ente wieder aus dem Wasser bringen.

Die Prüfreihenfolge an diesem Tag war ausgelost. Henriette war die Nummer drei von vier. Ich hatte also Zeit, mir die Leistung der anderen beiden Dackel vorher anzuschauen – und immer mehr ins Zweifeln zu kommen. Wenn der Hund nämlich bei solch einer Prüfung keine Leistung bringt, liegt es zumeist am Hundeführerenden, weil das Training falsch oder nicht ausreichend war. Es ist also immer unangenehm, wenn man etwas nicht so schafft, wie es die Prüfung möchte.

Dann waren Henriette und ich dran. Ich fühlte in etwa dieselbe Intensität an Prüfungsangst wie zu meiner Führerscheinprüfung. Mit weichen Knien griff ich mir Henris Pirschleine und den bereits nassen Stockentenerpel. *Oje, ist der schwer,* dachte ich nur. Das machte es für eine Hündin, die nicht allzu versiert ist in Sachen Wasser, nicht einfacher. Schritt für Schritt näherte ich mich dem Endgegner Teich. Zwei Schritte hinter mir die beiden Prüfenden.

Am Ufer angekommen, drückte ich das Schilf ein wenig beiseite, um einen sicheren Stand zu bekommen. *Nicht dass ich noch selbst ins Wasser falle, wenn ich die Ente hineinwerfe,* dachte ich. Super war auch, dass ich mich am Prüfungstag gegen Gummistiefel entschieden hatte, sodass ich mir nach wenigen Sekunden am Wasser schon einbildete, das feuchte Nass an meinen Fußspitzen zu spüren.

Ich drehte mich zur Prüferin hinter mir und fragte, wie weit ich die Ente denn werfen solle. »Na ja, so, dass es halt nicht zu nah und nicht zu weit ist für den Hund.« Klasse Antwort. Damit war ich auch nicht schlauer.

Ich warf einen kurzen Blick nach unten, Henri folgte mit ihrem Blick bereits begierig der Ente. Immerhin war das ein gutes Zeichen. Ich begab mich in Wurfstellung und fühlte mich kurz wieder wie bei den Bundesjugendspielen in der vierten Klasse. Ich holte aus, und mit einem dicken »Platsch« landete der Erpel am anderen Ende des Gewässers.

»Na, so weit hätte es jetzt auch nicht sein müssen, Frau Reis«, murmelte die Prüferin hinter mir.

Jetzt galt es! Mit einem möglichst motivierenden »Voran!« schickte ich meinen kleinen braunen Klops ins Wasser – und siehe da: Madame war gut aufgelegt! Mit einem zweiten »Platsch« landete sie mit einem Hechtsprung circa einen Meter vom Ufer entfernt im algenreichen Wasser. Unglaublich! Mir blieb der Mund offen stehen. Und damit nicht genug: Sofort begann sie, mit rhythmischen, galanten Bewegungen zu schwimmen. Wobei ich zugeben muss, dass man von »galant« bei einem Dackel bei aller Liebe nicht sprechen kann. Es erinnert mehr an eine zu groß geratene Ratte, die mithilfe ihres Schwanzes versucht, Kurs zu halten. Aber wenn es funktioniert … Und es funktionierte! Zielstrebig steuerte Henri das andere Ende des Teiches an, den Erpel fest im Blick. Mein Herz hüpfte vor Freude. Einen kurzen Moment später erreichte sie die Ente, schnappte sie sich mit einem geräuschvollen »Happs«, drehte um und steuerte Richtung Ufer zurück. Eine weitere knappe Minute später stand ich mit breitem Grinsen im Gesicht, meine klatschnasse Wasserratte mit der rechten Hand tätschelnd und mit der linken den Erpel haltend, da und wusste: Das Ding haben wir bestanden.

Nun hatten wir nur noch eine Prüfung zu bestehen. Da ich Henriette auch für die Baujagd, also die Arbeit unter Tage im Fuchsbau, nutzen wollte, musste ich sie ebenso auf eine solch spezielle Aufgabe vorbereiten. Also meldeten wir uns für die »Eignungsprüfung zur Bodenjagd« an.

Die Sache mit den Füchsen und die Jagd darauf ist bei uns in Deutschland ja leider ein etwas schwieriges Thema. Für viele sind Füchse eine wild lebende Version des Hundes, die man nur zu gern auf T-Shirts, Handyhüllen oder auch als Tattoo spazieren trägt. Den Fakt, dass Füchse eine gewisse Notwendigkeit in unserem Ökosystem haben, möchte auch ich keinesfalls bestreiten. Dass sich viele Faktoren in unserer Kulturlandschaft jedoch stark verändert haben und deshalb eine Bejagung von Füchsen und anderen Beutegreifern unabdingbar ist, wird meiner Meinung nach viel zu oft unter den Teppich gekehrt.

Seit 1991 wurde die Tollwut, eine der Hauptkrankheiten von Füchsen, durch die Impfung mit Schluckködern ausgerottet, sodass Deutschland seit 2003 als frei von Tollwut gilt. Die Kehrseite der Medaille ist, dass damit einer der Hauptregulatoren der Fuchspopulation vom Spielfeld verschwunden ist. Gleichzeitig haben Füchse kaum natürliche Feinde. Die Rotpelze sind sogenannte Kulturfolger, die sich auch in städtischen Räumen wohlfühlen, während ihre Hauptbeutetiere, wie etwa Kaninchen, Hase, Fasan und Rebhuhn, durch verschiedene Faktoren immer schlechtere Bedingungen zum Überleben haben. Daraus resultiert ein Ungleichgewicht, das durch eingeschleppte Arten wie Waschbär, Marderhund und Goldschakal sogar noch weiter verstärkt wird.

Deshalb muss die Jägerschaft regulierend in die Populationen des Raubwildes eingreifen, um den Beutetieren überhaupt noch eine Überlebenschance zu geben.

Oft wenden Kritiker und Kritikerinnen daraufhin ein, dass Füchse ihre Population selbst regulierten. Das stimmt bis zu einem gewissen Grad. Wenn man jedoch darauf wartet, bis sich die Füchse auf »natürliche Weise« reguliert haben, haben wir auf dem Weg dahin vielleicht bereits Hase, Fasan und Rebhuhn final aus unseren Ökosystemen verloren, da der Fuchs sich, solange keine Regulierung erfolgt, ungehindert an den kleineren Wildarten bedient.

»Natürliche Regulierung« klingt im ersten Moment nett, aber was bedeutet dieser fluffige Begriff eigentlich? Er bedeutet, dass sich das Wachstum der Fuchsbevölkerung durch Krankheiten reguliert. Beim Fuchs sprechen wir hier konkret von Räude oder auch von Staupe. Beide Erkrankungen können übrigens auch unsere Hunde ereilen.

Diese rosarote Regulierungsbrille bedeutet im Klartext also, dass Füchse langsam und qualvoll an Krankheiten sterben.

Aber es gibt noch weitere Todesursachen, die unter »natürliche Regulierung« fallen, wie Wildunfälle, Hungertod oder Verletzungen bei Revierkämpfen.

Das lässt sich im Übrigen eins zu eins auf die meisten invasiven Arten übertragen.

Ich für meinen Teil entscheide mich daher für eine saubere Bejagung des Fuchses, die ihm einen kurzen und möglichst schmerzlosen Tod ermöglicht und zudem Hase, Fasan & Co. die Möglichkeit gibt, weiter in unseren Gefilden zu überleben.

Es war nun also meine Aufgabe, eine sogenannte Schliefanlage zu finden, einen Trainingsort für den Hund mit Fuchs. Damit ihr eine bessere Vorstellung von einer solchen Anlage habt: Dabei handelt es sich um ein künstliches Bausystem aus Röhren unter der Erde. Mittels Fähnchen lässt sich der Laufweg des Hundes überirdisch verfolgen und durch Klappen die zurückzulegende Strecke verändern. Der Fuchs selbst befindet sich in seinem Kessel, also seinem Wohnzimmer in der Mitte des Baus – physisch getrennt vom Dackel, sodass der Hund den Fuchs riechen, aber nicht packen kann. Solche Anlagen müssen vom Amtsveterinäramt abgenommen werden. Der Tierschutz steht hier an erster Stelle.

So führt man den Dackel langsam an das Thema heran. Wenn der Hund mit der Arbeit vertraut ist, macht man einen Prüfungstermin aus. Der Dackel soll motiviert und routiniert an den Bau gehen, Laut geben, sich zielgerichtet zum Fuchs durcharbeiten und diesen, durch ein Gitter getrennt, verbellen. Im echten Leben hilft das uns Menschen zu erkennen, an welcher Position sich der Hund befindet.

Der Fuchs als wehrhaftes Tier kann einem unerfahrenen Hund sehr gefährlich werden. Daher ist es für alle sicherer, solche Situationen in einer kontrollierten Umgebung zu trainieren.

Schliefanlagen stehen sehr stark in der Kritik, weshalb man wenig in der Öffentlichkeit darüber spricht oder auch im Netz findet. Die Jägerschaft entzieht sich an dieser Stelle der Kritik, indem sie das Thema nicht laut und leider auch nicht transparent kommuniziert. Das Training in der Anlage findet darum zumeist irgendwo im Verborgenen statt, aus Angst vor Tierschutzorganisationen, die sich an solchen Einrichtungen vergehen. Dieses möglichst unsichtbare Dasein der Trainingsanlagen bietet jedoch Nährboden, um die Gerüchte und Vermutungen um sie herum wachsen zu lassen.

Daher möchte ich mit euch offen über meine Eindrücke reden. Die Füchse, die ich im Training kennenlernen durfte, lebten gemeinsam mit Artgenossen in einer Voliere und wurden im Laufe des Trainings regelmäßig ausgetauscht. Sie wurden von Hand aufgezogen, sodass sie sowohl an Menschen als auch an Hunde gewöhnt sind. Ihre Besitzer haben ein liebevolles Verhältnis zu den Tieren, und ich hatte in keinem Moment das Gefühl, dass die Füchse verängstigt oder gestresst waren. Sie haben ruhig in ihrem Kessel gelegen, das Programm mitgemacht und wurden im Anschluss wieder zurück in ihren Auslauf gesetzt.

Alles, was ich also in solchen Anlagen erlebt und gesehen habe, bietet keine Angriffspunkte.

Das Bild des modernen Jägers, der in Ruhe auf dem Hochsitz sein Rehlein erlegt, um es dann zu essen, findet immer breitere gesellschaftliche Akzeptanz, während das Thema »Fuchsjagd« oder »Prädatorenbejagung« verteufelt wird und ein Nischendasein führt.

Nur durch die effektive Bejagung im Bau oder auch durch die Falle ist es möglich, den Beutetieren dieser Prädatoren überhaupt die Chance auf eine Zukunft in unseren Ökosystemen zu geben.

Argumente, dass das Aussterben einer Art nun mal zum Lauf

der Evolution gehöre, sind aus meiner Sicht übrigens genauso nichtig wie die »natürliche« Regulation. Wir Menschen haben bereits so tiefgehend in die Natur eingegriffen, dass kaum noch natürliche regulierende Faktoren übrig geblieben sind, auf die man sich verlassen könnte. Wir leben in einer von *uns* geschaffenen Kulturlandschaft und müssen der Verantwortung, die wir uns mit diesen Veränderungen aufgebürdet haben, auch gerecht werden.

Selbst wenn die Fallen- und Baujagd weniger romantisch ist als ein entschleunigender Ansitz am Abend, ist sie einer der wichtigsten Faktoren zum dauerhaften Erhalt unserer Artenvielfalt.

Vor der Prüfung wand sich Henri bereits voller Vorfreude in meinem Arm, um endlich loslegen zu dürfen. Die Prüfung selbst ging ratzfatz über die Bühne. Mit einem Kopfsprung stürzte sich meine Dackeldame in die Dunkelheit der Röhre, nur um sofort lautstark zu kläffen und mir mitzuteilen: »JA, SHANNA! Da riecht es nach Fuchs!« Die oberirdischen Fähnchen wackelten, während sie sich ihren Weg zum Kessel bahnte, wo sie wie gewünscht den Rotpelz ein paar Minuten ausgiebig verbellte, bis das Spektakel seitens des Prüfers mit einem »Bestanden« beendet wurde.

Nun hatte meine kleine Ratte also auch ihre Bauprüfung mit Bravour hinter sich gebracht – und war endlich eine geprüfte, brauchbare Jagdhündin!

Welches Wild zählt zum Hochwild und welches zum Niederwild?

Die Unterteilung von Hoch- und Niederwild geht auf alte Zeiten zurück, als nur dem Adel das »hohe Wild«, überwiegend Schalen- und Federwild, zur Jagd freigegeben war. Das »niedere Wild« blieb für die ebenso niedere Bevölkerung.

Heute regelt das Bundesjagdgesetz die Einteilung. Danach gehören die folgenden Wildarten zum Hochwild: alles Schalenwild (Elch, Rotwild, Damwild, Sikawild, Steinwild, Muffelwild und Schwarzwild), außer Rehwild, sowie vom Federwild das Auerwild, der Stein- und Seeadler.

Folgende Wildarten zählen zum Beispiel zum Niederwild: Hasen, Rebhühner, Fasan, Enten.

Napoleon

Wenn man mich fragt, was ich beruflich mache, sage ich in der Regel, dass ich in unserem familieneigenen Weingut tätig bin. Wenn ich es irgendwo eintragen muss oder mich kurz vorstellen soll, lautet meine Antwort zumeist »Winzerin«. Ganz ehrlich? Das ist gelogen.

Ich komme aus einer Weinfamilie.

Die Mosel-Oma hat in der Jugend in einer Bonbonfabrik gearbeitet, bis sie gemeinsam mit ihrem mittlerweile leider verstorbenen Mann das Weingut Reis an der Mosel gegründet hat. Dort ist mein Vater mit seinem jüngeren Bruder und seiner jüngeren Schwester groß geworden. Während seine Schwester sich gegen die weinbauliche Karriere entschieden hat, hat mein Vater von Kindesbeinen an im Weingut mitgeholfen. Der jüngere Bruder hat zuerst andere Wege eingeschlagen, er war Lehrer, hat sich in seinen Dreißigern dann jedoch ebenfalls, gemeinsam mit seiner Frau, zum Leben im Weingut entschieden.

Auf der rheinhessischen Seite sieht es ganz ähnlich aus. Noch in der Urgroßelterngeneration war unser Betrieb, zu dieser Zeit typisch, ein Mischbetrieb aus Acker- und Weinbau. Auch in der Großelterngeneration wurde er so weitergeführt – bis irgendwann die Preise für den bis dato sehr lukrativen Weizen sanken und gleichzeitig vom edlen Rebsaft mehr Gewinn zu erwarten war. Der neue Fokus lag von da an ganz klar auf dem Weinbau. In diesem Betrieb sind meine Mutter und ihre ältere Schwester aufgewachsen. Meine Tante hat in ein anderes rheinhessisches Weingut eingeheiratet. Meine Mutter ist im Familienbetrieb geblieben. Auch wenn der Betrieb heute nicht mehr im alten Ortskern liegt, wo er ursprünglich angesiedelt war.

Meine Eltern haben sich während ihrer beider Ausbildung in der Weinbauschule in Bad Kreuznach kennengelernt und irgendwann, vor mittlerweile über 35 Jahren, geheiratet. Nach der Hochzeit bauten sie das Haus und auch ein neues Betriebsgebäude am damaligen Ortsrand, auf dem Sonnenberg, um mehr Platz zu haben. Dort stehen Haus und Betrieb bis heute, und auch die Sonne als Logo ist mit leichten Veränderungen über die Jahre erhalten geblieben.

Eine Zeit lang bewirtschafteten meine Eltern sowohl den Betrieb an der Mosel als auch den in Rheinhessen. Irgendwann übernahm glücklicherweise mein Onkel, also Papas jüngerer Bruder, den Moselbetrieb, und meine Eltern konnten sich voll und ganz auf Rheinhessen und ihre beiden Töchter, meine jüngere Schwester Magdalena und mich, konzentrieren.

Während der berufliche Mittelpunkt meiner Schwester auf der Hotel- und Gastronomiebranche liegt, kann man mich wohl als vierte Generation im Familienbetrieb bezeichnen.

Und ich bin nicht allein: Mein Mosel-Onkel hat drei Söhne, wovon einer gerade eine Ausbildung zum Winzer macht. Die jüngere Schwester meines Vaters hat eine Tochter. Sie und ihr

Verlobter bauen nach einem Weinbau- und Weinwirtschafts-studium ebenfalls ihren eigenen Wein aus. Die Tochter meiner Tante und meines Onkels mütterlicherseits hat gemeinsam mit ihrem Mann ebenfalls den elterlichen Betrieb übernommen. Wie man es dreht und wendet: Dreh- und Angelpunkt der Familienbande ist und bleibt offenbar der Wein.

Kommen wir nun zu meiner »Lüge«: »Winzer*in« ist ein Titel, den man nicht nutzen darf, solange man keine entsprechende Ausbildung genossen hat. Ich habe den akademischen Weg eingeschlagen und einen Bachelor in Internationaler Weinwirtschaft gemacht sowie einen Master in Business Administration mit den Schwerpunkten auf Wein, Verkauf und Nachhaltigkeit. Vielleicht könnte ich mich somit als »Weinwirtschafterin« bezeichnen ...

Das Know-how, wie man Wein macht, habe ich von meinen Eltern im Keller gelernt. Seit 2017 arbeite ich auf unserem Weingut mit und habe in vielerlei Dingen möglicherweise sogar mehr Kenntnis als ein »normal« ausgebildeter Winzer beziehungsweise eine Winzerin. Damit meine ich die vielen kleinen Tricks und Kniffe, die mein Vater mir während des gemeinsamen Arbeitens im Weinberg oder Keller verrät. Gleichzeitig ist mein Wissen aber auch von großen schwarzen Löchern durchsetzt, da ich eben keine Ausbildung mit Rahmenplan und allem, was dazugehört, absolviert habe.

Wie alles im Leben unterliegt auch der Weinbau einem steten, wenn auch langsamen Wandel. Während unserer vier Generationen sind schon viele Trends gekommen und gegangen, neues Wissen kam hinzu, und von alten Gewohnheiten musste sich verabschiedet werden, bis unser Betrieb, Weingut Reis & Luff, zu dem wurde, was er heute ist.

Ich will ehrlich sein: Wein ist ein knallhartes Geschäft. Vieles, was vielleicht in eurem Kopf herumschwirrt, wenn ihr an das Winzertum denkt, ist leider nicht mehr als ein idyllisches Klischee von einer weinbaulichen Vergangenheit, die heute nur noch für Marketingzwecke genutzt wird.

In der Generation meiner Großeltern hatte wir noch viele unterschiedliche Rebsorten, angebaut auf etlichen kleinen Flächen rund um das Dorf. Doch mit dem steigenden Preisdruck und auch sich stetig ändernden Kund*innengeschmäckern musste unser Weingut, wie alle anderen auch, sein Rebsortenrepertoire anpassen.

Eine der wirtschaftlich relevantesten Leistungen meines Vaters ist es außerdem, die vielen kleinen Rebflächen des Weinguts zu wenigen großen, zusammenhängenden Flächen zusammenzutauschen und gleichzeitig die Rebsortenvielfalt auf ein wirtschaftliches Niveau zu senken. Gerade in Anbetracht der aktuell explodierenden Spritpreise und steigenden Personalkosten ein generationenübergreifend gedachter und wirklich wichtiger Schachzug.

Unsere Weinberge werden in der Regel fünfundzwanzig, maximal dreißig Jahre lang bewirtschaftet, denn mit steigendem Alter wird der Ertrag niedriger, und irgendwann halten sich Kosten und Nutzen leider nicht mehr die Waage. Allerdings bestätigen Ausnahmen bekanntermaßen die Regel.

Kennt ihr die Bezeichnung »Alte Reben«, die man ab und an auf Weinflaschen findet? Eine Bezeichnung, die man erst für einen Wein verwenden darf, wenn der entsprechende Weinberg mindestens fünfundzwanzig Jahre alt ist. Oftmals werden für dieserart Tropfen höhere Preise abgerufen, allerdings ist das eine Frage der Preisbereitschaft der Kunden und weinbaulich, ob man es schafft, das besondere Aroma der alten Reben markant genug herauszuarbeiten, um den Kunden einen Mehrwert zu bieten. Denn im schlechtesten Fall schmeckt der Wein nicht sehr viel anders als der von jungen Reben, nur bedeutet er weitaus mehr Aufwand und bringt weniger Ertrag.

In unserem Betrieb haben wir uns für die Strategie, moderate Preise und leicht trinkbare Weine, auch »easy drinking« genannt, entschieden, mit dem Ziel und Anspruch, jedes Jahr ein ähnliches Geschmacksbild präsentieren zu können. Unseren Wein kann man sozusagen jahrgangsunabhängig blind kaufen. Ergänzt wird unser Repertoire neuerdings (seit 2017) durch *meine* Weinlinie, auf die ich besonders stolz bin. Sie hat etwas mehr Ecken und Kanten, und ich versuche darin den Charakter und die Eigenheiten eines jeden Weinbaujahres einzufangen.

Nichtsdestotrotz bietet ein hart umkämpfter Markt wie der des Weingeschäftes wenig Luft für Spielereien. Somit ist die Lebenszeit unserer Weinberganlagen ganz klar an der marktwirtschaftlichen Situation festgemacht – 25 Jahre.

Bis vorletztes Jahr.

Manche Dinge im Leben darf man eben nicht nur an Geld und Wirtschaftlichkeit festmachen, sondern muss sie an ideellen Werten bemessen, so wie unseren Napoleon.

Am Gehannsweg, auf Hochdeutsch Johannes- oder Johannisweg, steht einer der letzten Speierlinge in Rheinland-Pfalz. Ein Baum, mit dessen säurehaltigen Früchten man früher dem

Apfelwein etwas mehr Pfiff verliehen hat. Mit zunehmender Industrialisierung geriet die Relevanz der Früchte in den Hintergrund, da die Säure anderweitig zugesetzt werden konnte, und es mussten immer mehr Bäume weichen, da Land überall knapp und wertvoll ist.

Wenn ich mit Gästen eine Wanderung durch die Weinberge mache, führe ich sie immer auch an jenem Speierling vorbei. Einerseits wegen der wunderbaren Aussicht von dort auf Aspisheim sowie das Nachbardorf Horrweiler im Tal, andererseits weil dieser Baum für mich ein Zeitzeuge ist und zugleich ein Mahnmal in einer sich immer schneller verändernden Welt.

Der Speierling ist aber nicht allein am Gehannsweg. Neben ihm liegt ein kleiner Weinberg, optisch ganz aus der Zeit gefallen. Schmale, unbegrünte Reihen, in denen man sich kaum um die eigene Achse drehen kann, mit niedrig gewachsenen Reben, die mit ihren alten, dicken und knorrigen Stämmen Geschichten vieler Sommer und Winter erzählen.

Auch wenn ich sonst immer sehr für Biodiversität und eine artenreiche Begrünung zwischen den Reihen bin, hat der blanke, braune Boden hier doch seine Daseinsberechtigung. Aufgrund des geringen Setzabstandes der Pflanzen und der schmalen Zeilen ist die Konkurrenz um Wasser und Nährstoffe zwischen den einzelnen Reben hoch genug. Das sollte man mit einer zusätzlichen Begrünung zwischen den engen Reihen nicht noch befeuern.

Eines Abends, als mein Vater und ich gemeinsam bei einem Glas Wein im Hof saßen, begann er zu erzählen: »Shanna, im Gehannsweg steht doch dieser alte Silvaner. Ich weiß nicht genau, wie alt er ist, aber ich denke, es könnte der älteste Weinberg im Dorf sein. Ich habe die Tage seinen Besitzer getroffen.

Du weißt doch, den aus Gensingen, von dem wir schon andere Weinberge gekauft haben. Und ich habe ihn einfach mal gefragt, was er dafür haben will.« Entgeistert schaute ich meinen Vater an. Er wollte einen uralten Weinberg kaufen? Mir persönlich gefiel die Idee sehr, mal etwas ganz anderes, aber solche »träumerischen« Einfälle passen gar nicht zu meinem Vater, der doch immer so wirtschaftlich denkt und denken muss.

Da fuhr er auch schon fort: »Das Bio-Weingut im Dorf und ein befreundeter Hobbywinzer aus dem Nachbardorf Dromersheim wären auch dabei. Wir würden jeweils ein Drittel Eigentümer sein und den Weinberg zusammen bewirtschaften. Der fertige Wein geht ebenfalls zu jeweils einem Drittel an uns.« Es war keine Träumerei, sondern schon ein waschechter Plan.

Da ich sowohl mit den Leuten vom Bio-Weingut als auch mit dem Kumpel meines Vaters menschlich sehr gut kann, stimmte ich, ohne lange zu zögern, zu.

Wenige Wochen später trafen wir uns zur Unterschrift des hochoffiziellen Kaufvertrags des Weinbergs. Ein Weinberg aus dem »Baujahr« 1957, bestockt mit der Rebsorte Silvaner.

Die Handarbeiten wollten wir untereinander aufteilen, während die Traktorarbeit vorerst weiter vom bisherigen Besitzer erledigt werden würde, da keiner von uns einen Traktor in entsprechend schmaler Größe besaß. Glücklich und motiviert stürzten wir uns in das Abenteuer »Zurück zu den Wurzeln des Weinbaus«.

Im Laufe unseres ersten Bewirtschaftungsjahres bürgerte sich eine hübsche Tradition ein: Dadurch, dass unsere alten Reben keine besonders große Fläche einnehmen, waren eigentlich alle Arbeiten innerhalb von ein bis zwei Stunden erledigt. Man traf sich also meist gegen vier oder fünf Uhr am späten Nachmittag, um nach getaner Arbeit zu grillen. Bei gutem Wetter oberhalb vom Weinberg an der sogenannten Wingertschaukel, auf Hochdeutsch »Weinbergsschaukel« – ein Platz mit Tischen, Bänken, gigantischer Aussicht über das hiesige Rebenmeer und, wie der Name schon sagt, einer XXL-Schaukel. Bei schlechtem Wetter zog es uns häufig zu uns in den Hof, da wir eine komfortable Überdachung haben, die die Gruppe gegen den Regen schützt.

Schnell merkten wir, dass diese gemeinsamen Treffen nach der Arbeit für alle Beteiligten einen Mehrwert brachten. Wir verkosteten gegenseitig unsere Weine, tauschten uns aus und hatten schlichtweg eine gute Zeit miteinander. Eine Verbindung unter Winzern und Winzerinnen, wie ich sie vorher nicht gekannt hatte – und das alles nur wegen der paar alten, knorrigen Reben, die nun unser gemeinsames Projekt waren.

Lange stand die Frage im Raum, wie wir unseren Weinberg nennen sollten und was auf seinem Etikett stehen sollte.

Am Ende fiel die Entscheidung auf »Napoleon«. Ihr fragt euch, wie ein rheinhessisches Weingut auf diesen geschichtsträchtigen Namen kommt? Nun ja, dieser Entscheidung liegt eine der liebsten Legenden meines Vaters zugrunde, die er jedes Mal zum Besten gibt, wenn er Gäste an den alten Reben vorbeiführt.

Am Johannesweg, direkt unterhalb der Weinbergsschaukel, steht ein Speierling, einer der letzten verbliebenen in Rheinland-Pfalz, und den lassen wir auch genau dort stehen – weil einst Napoleon dahinter gepinkelt hat.

Ihr glaubt mir nicht?

Von 1801 bis 1814 gehörte diese Region zu Mont-Tonnerre,

also zu Frankreich. Eines Tages nahm der Feldherr Napoleon mit seinen Truppen die Strecke über den Gehannsweg, um über den Hügel nach Welgesheim, unserem Nachbardorf, zu gelangen. Auf dem Weg dorthin blieb er aber mit seinem Wagen stecken, sodass die Truppen verweilen mussten, bis ein Bauer der Umgebung seine Hilfe anbot. Sicher rasteten sie auch unter diesem unserem Speierling. Und wir können doch sicher sein, dass, wenn nicht Napoleon selbst, so zumindest einer seiner Gefolgsleute an den Stamm unseres Speierlings am alten Silvaner gepinkelt hat. Zum Dank für seine Hilfe schenkte Napoleon dem Bauern immerhin seine Schnupftabakdose.

Mein Vater ist von Zeit zu Zeit ein großer Geschichtenerzähler. Belegt ist tatsächlich, dass Napoleon im benachbarten Welgesheim gewesen ist und auch in den Städten Ingelheim und Mainz. Die Wahrscheinlichkeit, dass die Geschichte so stimmt, wie mein Vater sie erzählt, ist also durchaus gegeben. Ich bin nicht besonders gut in Wahrscheinlichkeitsrechnung, aber das ist auch einerlei. Ich mag die blühende Fantasie meines Vaters – und letztendlich hat sie uns zum Namen unseres Weins verholfen.

Zuallererst stellten wir die alten Reben von konventioneller Bewirtschaftung auf eine ökologische um, was für den Weinberg erst einmal Stress bedeutete. Wie ein Sprung ins kalte Wasser. Die ersten 64 Jahre ihres Lebens waren die Reben verhätschelt worden, nie hatten sie sich selbst gegen einen Fraßfeind oder Pilz zur Wehr setzen müssen. Der schützende Schirm des

Winzers, also der Pflanzenschutz, hatte ihnen so gut wie alles vom Leibe gehalten. Gefüttert wurden sie regelmäßig mit Dünger, sodass die Reben ein sorgenfreies Leben hatten. Die Umstellung auf Bio bedeutete, dass wir den Pflanzenschutz umstrukturierten und herunterfuhren, ebenso die Düngung. Kurzum: Wir griffen viel weniger in den natürlichen Lauf der Dinge ein, sodass die Reben erst einmal »lernen« müssen, sich selbst gegen Schädlinge zu verteidigen und mit dem klarzukommen, was da war.

Wir Winzer und Winzerinnen halfen nur insofern, als dass wir ein gutes Mikroklima im Weinberg unterstützten, sodass sich beispielsweise genug Raubmilben ansiedeln konnten, um die Schädlinge in Schach zu halten.

Die Umstellungszeit von konventionellem auf ökologischen Weinbau beträgt drei Jahre. Das gibt dem Weinberg ausreichend Zeit, sich in seiner neuen Lebenssituation einzurichten, dem Winzer und der Winzerin die Möglichkeit, neue Routinen zu finden, und den Konsumierenden die Sicherheit, dass auch wirklich Bio drin ist, wo Bio draufsteht.

Die größte Herausforderung mit unserem neuen uralten Weinberg ereilte uns zur ersten Ernte. 2021, also unserem ersten gemeinsamen Bewirtschaftungsjahr, hatten wir es nach drei sehr sonnenverwöhnten Jahren mit einer Menge Regen zu tun. Unsere alten Reben wurden also noch im ersten Jahr der Bio-Umstellung einem echten Härtetest unterzogen. Denn viel Regen bedeutet einen höheren Pilzdruck im Weinberg, da Pilze bei Feuchtigkeit fleißig wachsen und gedeihen. Gleichzeitig waren die Abwehrkräfte unseres Silvaners noch nicht dort, wo sie als Bio-Weinberg hingehörten. Für uns als Besitzer*innen-

Trio war guter Rat teuer, wann wir am besten ernten sollten beziehungsweise in die Lese gehen.

Neben der Tatsache, dass wir die Trauben so lange wie möglich hängen lassen wollten, um einen möglichst hohen Reifegrad zu erreichen, drängelte auf der anderen Seite der Pilzdruck, der den Ertrag vermindert und geschmackliche Einbußen mit sich bringt. Es ist ein Balanceakt, hier den richtigen Zeitpunkt zu finden. Gleichzeitig war uns bewusst, dass wir ein Team benötigten, um den Weinberg zu lesen – mit dem Vollernter kam das nämlich nicht infrage. Die schmalen Reihen und alten, knorrigen Reben machten das unmöglich. Blieb also nur die traditionelle Lese mit der Hand und dem beerenweise einzelnen Sortieren der Trauben.

Unser erster Lesetermin hätte auf einem Dienstagmorgen um zehn Uhr gelegen. Leider sagte das Aspisheimer Regenradar klassisches Herbstwetter voraus, nämlich Wolken und Regen – keine Option für eine Ernte. Ein schöner Landregen während des Erntens provoziert zwar mehr Ertrag, allerdings nur in Form von Wasser, das ins Lesegut wandert, was wiederum Aromatik und Dichte des Weins negativ beeinflusst. Mal ganz zu schweigen von der Sauerei, die an Traktoren und Gummistiefeln angerichtet werden würde.

Nächster optimistischer Lesetermin: der darauffolgende Samstag.

Bewaffnet mit frisch gekauften, messerscharfen Rebscheren und Eimern, standen wir dann auch bereit. Mit ein klein bisschen Überredungskunst hatte ich auch Simon überzeugen können, bei der Aktion zu helfen. Unser Leseteam war somit eine bunte Mischung aus Family and Friends.

Am Weinberg angekommen, griff ich mir die erste goldschimmernde Traube, löste sie mit einem gezielten Schnitt vom Stock und wendete sie in der Hand. Vorsichtig entfernte ich mit der Spitze der Schere alle dunklen, lila gefärbten Beeren, die von Krankheit befallen waren. Nachdem das geschafft war, ließ ich die jetzt saubere Traube mit einem »Plumps« in den Eimer zwischen meinen Beinen fallen. Diesen Arbeitsschritt wiederholte ich wieder und wieder. Auch wenn die alten Reben gar nicht so viel Ertrag brachten, kam ich nur sehr langsam voran. Ich fragte mich mit einem Blick über die Reihen hinweg, wie sich meine Mitstreiter*innen schlugen. Und war, ehrlich gesagt, erleichtert – keine und keiner kam schneller voran. Alle sortierten akribisch genau zwischen guten und schlechten Beeren, um nur die beste Qualität zu ernten. Normalerweise macht das die Traubensortieranlage bei uns am Vollernter. Mir wird so richtig bewusst, wie viel Zeit und auch Arbeitskraft uns dieses technische Wunderwerk erspart.

»Kruzifix!«, tönte es mir da im bekannten niederbayerischen Dialekt meines Freundes entgegen. »Das hier ist keine Arbeit für mich! Da geht ja nix voran!« Schön zu hören, dass es Simon ähnlich ging wie mir, nur dass sein Geduldsfaden bei solchen Dingen etwas kürzer ist als meiner. In seiner Größe musste er sich bei den niedrig gewachsenen Reben aber auch tiefer bücken als alle anderen. Ich erleichterte ihm die Ernte ein wenig durch Arbeitsteilung und bat ihn, ab sofort die Tragebütte, eine Art Weinlese-Eimer von rund 80 Litern, in die man die kleinen Eimer entleeren kann, zu tragen. So musste er sich nicht mehr bücken. Sobald eine Bütte voll war, trug Simon sie also zum Ende der Reihe und entleerte sie in den Maischewagen.

Nach wenigen Rebstöcken wurde mir klar, dass diese Ernte

wesentlich länger dauern würde als alle Arbeiten zuvor. Immerhin war uns das Wetter gnädig und belohnte uns von Zeit zu Zeit mit ein paar spätsommerlichen Sonnenstrahlen, die das Tal vor uns in Gold tauchten.

Nach satten sechs Stunden hatten wir uns durch unsere alten Reben geerntet und brachten die Trauben zur weiteren Verarbeitung ins Weingut. Es entstand noch ein gemeinsames Gruppenfoto von dieser ersten Ernte unseres »Napoleons«, und wir verabredeten uns zum Erntedankfest mit Pizza am Abend. Schließlich mussten wir die Erntepremiere unseres einzigartigen Dreigestirns gebührend feiern – und mit ein wenig Wein begießen, selbstverständlich.

Wir ließen dem edlen Tropfen ein gutes Jahr Zeit, um als Wein zu reifen, sodass unser erster eigener Jahrgang von alten Reben pünktlich zu Weihnachten in den Verkauf ging. Mit seinem edlen Etikett aus Zinn verkörpert er nun von Anfang bis Ende, was er ist: ein ganz besonderes Projekt.

Zahlen und Fakten

Berufstätigkeit deutscher Jäger*innen: Nur zwei Prozent der Jäger*innenschaft befinden sich noch in der Ausbildung, sind Schüler und Schülerinnen oder Studierende. 63 Prozent sind berufstätig, 34 Prozent sind nicht (mehr) berufstätig. 27 Prozent sind (Fach-)Arbeiter*innen, Angestellte oder Beamt*innen, 18 Prozent leitende Angestellte oder im gehobenen Dienst, zehn Prozent Gewerbetreibende und Selbstständige.

November

Drückjagdsaison

Wenn sich das Laub in den Wäldern verfärbt und die Weinernte sich dem Ende zuneigt, beginnt für mich eine ganz besondere Zeit im Jahr. Ab Oktober starten im ganzen Land die Gesellschaftsjagden. Hierbei lässt sich zwischen zweierlei Arten unterscheiden: Treibjagd und Drückjagd.

Bei Ersterer bejagt man Niederwild, also die kleineren Wildarten wie Hase, Kaninchen, Fasan und Rebhuhn, indem man sie aus ihren Einständen heraustreibt und dann mit der Schrotflinte erlegt. In früheren Zeiten war die Treibjagd in ganz Rheinhessen eine sehr verbreitete Jagdart, um die hohen Niederwildbestände auf ein tragbares Maß zu verringern. Fraßschäden durch Hase und Kaninchen waren am Weinberg keine Seltenheit, Fasane und Rebhühner sorgten für Schäden im ackerbaulichen Bereich, da sie sich nur zu gern vom Saatgut ernährten. Ich will aber ehrlich sein: Diese Zeiten sind vorbei.

Niederwild, wie der Begriff schon sagt, ist eigentlich das niedere Wild, jenes weniger wertvolle, das früher für die Bauern übrig blieb. Doch im Laufe der Jahre hat sich die Sache umgekehrt. Heute ist das Niederwild eher selten geworden und Reviere, in denen die Bestände so gesund sind, dass man sie bejagen kann, rar. Solche Bestände erreicht man nur noch mit extremem Zeitaufwand, Stichwort »Prädatorenbejagung durch Fallen- und Baujagd«, oder mit viel Geld, um jemanden anzustellen, der sich um die Hege des Reviers und die Bejagung der Beutegreifer kümmert.

Auf der anderen Seite gibt es die Drückjagd, historisch gesehen die Bejagung des Hochwildes, also Rot-, Dam-, Sika- und Schwarzwild, in den Wäldern der Republik. Dabei werden die Tiere aus den Waldbeständen heraus*gedrückt*, um dann erlegt zu werden.

Die im Allgemeinen steigende Anzahl an Wildtieren, aber auch im Speziellen das Risiko der Afrikanischen Schweinepest, macht das Bejagen insbesondere der Schwarzwildbestände durch Gesellschaftsjagden unverzichtbar. Nur so hat man die Möglichkeit, innerhalb relativ kurzer Zeit große Strecken zu machen, bei nur einmaliger oder zweimaliger Beunruhigung im Revier. Den Rest des Jahres kann dann Ruhe herrschen.

Eine Drückjagd bedarf wochen-, teilweise monatelanger Vorbereitung seitens des Reviers. Man muss überlegen, welche Fläche man bejagen möchte, davon ausgehend, wo die Wechsel der Wildtiere sind, und über die sinnvollsten Positionen der Schützen und Schützinnen nachdenken. Diese müssen vorbereitet werden, also die Standorte freigeschnitten und gegebenenfalls Drückjagdstände, also Hochsitze im XS-Format, aufgestellt werden. Das System und die Laufstrecke der Hundeführer*innen und der Treiberwehr muss erdacht und festgelegt werden. Karten müssen vorbereitet werden. Nachdem die Einladungen versendet worden sind und klar ist, wie viele Jäger und Jägerinnen teilnehmen, werden die Plätze vergeben, Helfende müssen sich um die Essensversorgung kümmern, ein Tierarzt oder eine Tierärztin muss für den Fall der Fälle bereitstehen und ein Team für die Versorgung des erlegten Wildes. Ich habe noch nie eine Drückjagd und auch keine Treibjagd organisiert. Man verzeihe mir also, sollte ich wichtige Punkte vergessen haben. Ich denke aber, ich habe auf jeden Fall deutlich gemacht, mit wie viel Aufwand eine solche Veranstaltung verbunden ist.

Es ist Freitagabend. Morgen früh fahren wir an die Mosel, um dort die kommenden beiden Tage auf Drückjagd zu gehen. Speziell auf die Jagd auf Wildschweinen. Simon und ein paar Freunde von uns sind mit dabei. Wie immer werde ich als Hundeführerin mit meinem Gespann durch die Hecken krabbeln.

Für mich ist es einer der Höhepunkte im Jahr: Das Gelände, in dem wir jagen, ist extrem anspruchsvoll, die Jagd ist immer sehr gut organisiert, die kulinarische Versorgung hervorragend, und unsere Gastgeber empfangen uns unglaublich herzlich. Die zu erwartende Strecke, also wie viele Tiere wir in Teamwork erlegen werden, ist offen. Es gab Jahre, da erlegte man gar nichts, und welche, da wurden fünfzig Individuen zur Strecke gebracht. Das kleine Dorf am Moselhang ist in dieser Hinsicht eine wahre Wundertüte.

Es ist Mitte November und um sechs Uhr abends stockfinster. Ich fahre gerade meinen Geländewagen in unsere Produktionshalle, auch »Kelterhalle« genannt (weil dort die Presse steht). Dort habe ich Licht, um alles, was ich fürs Wochenende benötige, zusammenzupacken. Ich nehme auch die Dinge mit, die Simon eventuell brauchen könnte, weil er garantiert erst morgen früh, fünf Minuten vor Abfahrt, seine Sachen zusammensuchen wird. Da vergisst man dann schon mal die Hundeleine oder einen von zwei Handschuhen.

Nach unzähligen Drückjagden habe ich mir eine verschließbare grüne Box angeschafft, sie ist mein ganz persönlicher Drückjagd-Fundus und ein bombensicheres System. Alles, was ich eventuell vor oder nach der Jagd benötigen könnte, finde ich darin: trockene Socken, Schmerztabletten, Deo, Mineralwasser, Warnwesten, Handschuhe, Müllsäcke, Klebeband und so weiter. Ich fülle alles regelmäßig auf, wenn etwas fehlt.

Eine zweite Box enthält die Kleidung meiner Hunde. Kein Witz! Hunde tragen auf Drückjagden oftmals Schlagschutzwesten, maßgefertigte Jacken, die von den messerscharfen Hauern der Wildschweine nur schwer durchstochen werden können, um das Verletzungsrisiko zu minimieren. Dazu kommen neonfarbene Halsbänder mit den Namen der Hunde und meiner Telefonnummer darauf. Für die Zeit nach der Jagd habe ich zusätzlich Decken, Trinkwasser und energiereiches Futter für meine Lieben dabei.

Traditionell haben Deutsch Stichelhaar als Vorstehhunde auf einer Drückjagd übrigens nichts zu suchen, im Gegenteil zum Teckel. Sie gehören, ihrer Veranlagung zufolge, eigentlich auf Niederwildjagden. Unter anderem aufgrund ihrer Größe. Ein Dackel wird niemals ein gesundes Tier mit seinen kleinen, krummen Beinen einholen. Bei einem hochläufigen Hund wie eben einem Stichelhaar ist aber die Möglichkeit, dass er ein Stück einholt, gegeben. Das ist jedoch nicht Sinn und Zweck einer Drückjagd. Job der Hunde ist es lediglich, den Schützen und Schützinnen das Wild vor die Büchse zu bringen, nicht, selbst Beute zu machen.

Da es aber kaum noch Niederwildjagden gibt, wären meine

Stichelhaar arbeitslos, wenn ich sie nicht auf die Drückjagden mitnehmen könnte. Immerhin sind Vorstehhunde sehr stark an ihre Führer, in diesem Falle mich, gebunden, sodass sie in der Nähe bleiben und keine Alleingänge unternehmen.

Auch ich werde Hosen mit Schnittschutz tragen sowie eine Jacke in den Signalfarben Rot-Gelb. Einerseits zum Schutz vor den Wildschweinen, andererseits, um jederzeit von allen gut erkennbar zu sein. Außerdem werde ich für alle Fälle ein Messer bei mir haben sowie natürlich meine Büchse, die aber bis morgen früh noch im Gewehrschrank verwahrt bleibt. Ein robustes Ding aus Plastik, extra dafür gemacht, unter den widrigsten Bedingungen durch Unterholz, Schnee und Nässe gezogen zu werden. Als Hundeführerin benötige ich eigentlich keine Waffe, allerdings kann es durchaus zu brenzligen, gefährlichen Situationen mit Wildschweinen kommen, in denen eine Waffe von Vorteil ist. Die meisten Tiere, die bei uns in den Wäldern leben, sind ungefährlich, aber Wildschweine sind wehrhaft und könnten sowohl unsere Vierbeiner als auch uns Menschen im schlimmsten Falle tödlich verletzen.

Bevor ich erst die Fahrer- und dann die Hallentür hinter mir schließe, werfe ich als letzte Amtshandlung noch Mandarinen und Süßigkeiten für den kleinen Hunger zwischendurch in die Mittelkonsole des Wagens.

Der nächste Morgen beginnt für mich zeitig. Treffpunkt ist um acht Uhr an der Mosel. Gerechnet mit rund einer Stunde Fahrzeit, plus zwanzig Minuten Puffer, Frühstück und allem, was spontan anfällt, klingelt mein Wecker sicherheitshalber bereits um halb sechs. Das ganze Haus ist noch in Dunkelheit gehüllt, und Simon neben mir quittiert das schrille Klingeln nur mit einer Drehung Richtung Wand.

Ich öffne die Zimmertür und versuche möglichst leise die Stufen hoch in unsere Küche zu nehmen. Wenn ich Glück habe, halten die Hunde noch ein wenig Ruhe und wecken nicht jetzt schon die ganze Familie mit ihrer Vorfreude auf.

Pünktlich wie geplant kommen wir dann auch tatsächlich los. Das Auto ist randvoll mit allen Dingen gefüllt, die wir für das Wochenende brauchen (oder auch nicht). Im Kofferraum fünf Hunde, drei meiner Sichelhaar sowie Henriette. Siggi, mit seiner Vorliebe für meine Rüden, sitzt separat in einer Box, Adelheid ist noch zu jung, sie bleibt zu Hause. Zwei Waffen, Jacken, Wechselklamotten, Sitzmöglichkeit, Getränke und fragt mich nicht, was sonst noch alles. Es sind regelrechte Berge, die Simon in den letzten drei Minuten vor der Abfahrt auf dem Rücksitz und im Kofferraum angehäuft hat. Das übliche Chaos.

Trotz früher Uhrzeit ist unsere Stimmung gut. Eine Mischung aus Vorfreude, die vielen bekannten Gesichter wiederzusehen, Anspannung und Nervosität. Von Müdigkeit keine Spur.

Um halb neun beginnt die Ansprache des Revierpächters, also des Menschen, der uns heute eingeladen hat. Traditionell wären vorher Jagdhörner erklungen, die die Lieder »Sammeln der Jäger« und »Begrüßung« geblasen hätten. Heute nimmt man häufig davon Abstand, weil die Vermutung naheliegt, dass die Wildtiere bereits gelernt haben, was solche Signale am frühen Morgen bedeuten, und rasch das Weite suchen.

Sehr geehrte Jagdgäste, liebe Jägerinnen und Jäger, einen besonderen Willkommensgruß an die Hundeführer und an unsere Jagdhelfer!
Hallo allerseits!

Wir freuen uns, dass ihr unserer Einladung so zahlreich gefolgt seid.
Wir möchten euch daher ganz herzlich zur Gesellschaftsjagd hier in den steilen Moselhängen begrüßen. Die folgenden Vorgaben sollen euch sicher durch den heutigen Jagdtag begleiten. Bitte beachtet die Informationen, die Freigaben und befolgt unbedingt die Verhaltensregeln und Sicherheitsbestimmungen.
Es wird nach der Uhr gejagt. Wir haben jetzt acht Uhr dreißig. Die Schützen werden ab neun Uhr dreißig an ihrem Stand stehen. Das Treiben geht von zehn bis dreizehn Uhr. Also drei Stunden. Danach ist Hahn in Ruh.
Sobald die Schützen ihren Stand erreicht und sich mit ihrem Nachbarn verständigt haben, ist eine Schussabgabe erlaubt. Das Wild wird zentral aufgebrochen.
Nach Ende der Jagd wartet bitte, bis ihr von eurem Ansteller wieder abgeholt werdet, und teilt ihm mit, welche Schüsse ihr wo auf was abgegeben habt und ob gegebenenfalls nachgesucht werden muss.
Alle Telefonnummern für Notfälle, zum Beispiel Jagdleiter, Tierarzt und so weiter, sind auf den Standkarten deutlich sichtbar vermerkt. Das Schüsseltreiben für die Hundeführer findet wie gewohnt bei uns in der Jagdhütte statt.

Kurz noch einige Verhaltensregeln:

185

Ich bitte euch, das Wild gewissenhaft anzusprechen und wenn möglich wildbretschonende Schüsse anzubringen. Schießt bitte nur auf breit stehende Stücke und vermeidet Rücken- und Keulenschüsse. Schließlich wollen wir das Tier im Anschluss noch verwerten.

Sollte euch hochflüchtiges Wild kommen, bleibt der Finger bitte gerade. Eurem Nachbarn kommt das Stück vielleicht besser. Beachtet: jung vor alt, schwach vor stark und der Mutterschutz ist unbedingt zu beachten.

Nach zwei ungeklärten Anschüssen bitte ich euch, jede weitere Schussabgabe auf gesundes Wild zu unterlassen.

Nun zur Freigabe:

Schwarzwild: Frischlinge, Überläufer, nicht führende Bachen und gern auch der dicke Keiler. Auf keinen Fall führende Bachen und schon gar nicht die Leitbache! Auch hier gilt: klein vor groß. Wenn möglich, schaut, dass die Frischlinge keine Streifen mehr haben, sodass wir sie auch verwerten können.

Rehwild: Weibliches Rehwild ist freigegeben. Den Abschussplan für Böcke haben wir für dieses Jahr bereits erfüllt. Ich bitte also, den Schuss auf männliches Rehwild zu unterlassen. Rehwild darf nur beschossen werden, wenn alle vier Läufe auf dem Boden stehen.

Raubwild: Darf gern geschossen werden.

Niederwild bitte ich zu schonen.

Zu guter Letzt die Sicherheitshinweise:

Der Unfallverhütungsvorschrift Jagd ist jederzeit Folge

zu leisten. Das Tragen von signalfarbener Kleidung ist während der ganzen Jagd verpflichtend.

Nachdem ihr auf eurem Stand angekommen seid, macht euch mit eurem Gelände vertraut und verständigt euch mit euren Standnachbarn. Mit Treibern, Hunden und sonstigen Fußgängern ist jederzeit zu rechnen. Wie immer gilt Sicherheit vor Jagderfolg.

Und ganz am Schluss: Bitte achtet auf den Kugelfang. Nur gewachsener Boden dient als Kugelfang. Und jeder ist für seinen Schuss selbst verantwortlich. Sollten nach Ende der Jagd Hunde gefunden werden, bringt die bitte mit zum Treffpunkt an der Jagdhütte.

Nun wünsche ich uns allen einen erfolgreichen und unfallfreien Jagdtag. Alle, die ihren Jagdschein noch nicht kontrolliert haben lassen, machen das bitte direkt im Anschluss. Ich verlese nun die Gruppen, bitte meldet euch jeweils bei euren Anstellern.

Waidmannsheil!

Ich gehe zum Auto und krame meinen Jagdschein aus dem Handschuhfach, um ihn noch vorzuzeigen. Weil der spätestens nach drei Jahren abläuft und er dann immer aufs Neue bei der unteren Jagdbehörde beantragt werden muss, wird er auch bei jeder Jagd kontrolliert.

Dann habe ich erst einmal Luft, bis sich alle Schützen sortiert haben – darunter auch Simon mit Siggi –, und kann mich und die verbleibenden Hunde in aller Ruhe anziehen.

Das Quartett springt bereits aufgeregt im Kofferraum umher. Ich greife mir die Box mit den Schlagschutzwesten und breite sie auf dem Boden aus. Da ich sie nicht nach jeder Jagd wasche, haben sie bereits eine gewisse Patina. Eine Mischung aus Matsch, Hundehaaren und Wildschweiß ergibt eine interessante olfaktorische Mischung. Aber immerhin sind die Westen trocken, das macht das Überziehen für die Hunde und auch für mich angenehmer.

Nachdem ich alle Hunde eingekleidet habe, steige ich selbst in meine Schnittschutzhose und werfe mir die Signalfarben-Jacke über die Schultern. Den Gürtel mit dem Messer schnalle ich mir um die Taille und lasse drei mattgold schimmernde Patronen mit einem klackenden Geräusch in das Magazin meiner Büchse springen. Als Letztes flechte ich meine Haare zu so etwas wie einem Bauernzopf und stopfe sie sie unter eine orangefarbene Mütze.

So gerüstet fahren wir gegen halb zehn zum Startpunkt unseres Treibens, um die letzten Minuten bis zum Beginn der Jagd abzuwarten. Wir stehen an unseren Autos.

Der Ausblick über das Moseltal ist wie immer gigantisch. Langsam lichtet sich der Nebel, der vom Fluss aufgestiegen ist, und gleißend helle Sonnenstrahlen fallen auf die von Brombeerhecken überwucherten Hänge. Der Raureif der vergangenen Nacht glitzert verheißungsvoll in den Strahlen der morgendlichen Sonne. Ich genieße die Aussicht und die Ruhe vor dem Sturm, bis mich die Worte des Pächters zurück in die Realität holen.

»Wir sind heute Morgen schon mal mit der Drohne über die

Hänge geflogen. Mindestens zwei Rotten Wildschweine liegen drin. Ansonsten haben wir noch ein paar vereinzelte Stücke gesehen. Hinten im letzten Drittel geht ein schwerer Keiler. Wir konnten am Morgen aber nicht ausmachen, ob der heute im Treiben ist.«

Für mich sind solche Ansagen gute und schlechte Nachrichten zugleich: Einerseits bin ich hier, um zu jagen, um Beute zu machen, dem Pächter zu helfen und Wildbestände sowie Wildschaden zu senken und vielleicht am Ende des Tages noch ein oder zwei Schweine zum Verwursten mitzunehmen. Andererseits ist da der stete Respekt vor diesen großen, wilden Kreaturen, die sowohl mir als auch meinen Hunden, die weniger vorsichtig sind als ich, richtig gefährlich werden können. Zum Glück bleibt wenig Zeit, diese Gedanken zu vertiefen, denn es geht los.

Ich werfe mir meine Büchse über den Rücken, greife mir die Hundeleinen und verstaue sie in meiner Jacke. Zum Glück können die Hunde direkt vom Auto aus los. Henriette hebe ich aus dem Kofferraum, den anderen drei gebe ich mit dem Kommando »Voran!« die Erlaubnis, endlich ihrer Passion nachzugehen. Wie vier Pfeile schießen die Hunde aus dem Auto und orientieren sich direkt Richtung Hecken.

Nachdem alle Hunde geschnallt sind, also loslegen dürfen, formieren wir uns. In einer Reihe stellen wir uns entlang des Hanges auf. Sobald alle auf Position sind, ertönt oben vom Weg das »Los!«, und wir suchen uns unsere Pfade durch die Hecken, »hopp, hopp« rufend, um das Wild auf uns aufmerksam zu machen.

Mein Ziel ist, ungefähr auf gleicher Höhe wie meine Treibernachbarn ober- und unterhalb zu sein. Ich versuche im Storchengang die Brombeerranken platt zu treten, sodass ich mit etwas Übersicht vorankomme. Nach einigen Metern geht es aber nicht mehr weiter. Ich schaue mir den Boden an. Das Schwarzwild, das hier lebt, hat ein eigenes, verworrenes System aus Tunneln innerhalb der Brombeeren geschaffen. Wenn es »oberirdisch« nicht weitergeht, heißt es kriechen. Bevor ich mich auf die Knie fallen lasse, lausche ich ein letztes Mal, ob in meiner Nähe vielleicht bereits Schweine sind. Laut »hopp, hopp« rufend, gehe ich dann auf alle viere, lasse mir die Büchse vom Rücken vor den Bauch rutschen, sodass ich nirgends damit hängen bleibe, und krieche in die Hecken hinein. Wenn ich jetzt auf Schweine treffe, wäre das in etwa der ungünstigste Moment, der möglich ist. Ich habe keine Fluchtmöglichkeit, kann nicht ausweichen, und wenn es richtig schlecht läuft, rennt das Tier einfach über mich drüber. Mit diesen Gedanken im Kopf wird mein Ruf jedes Mal ein bisschen lauter.

Zwei weiße Terrier eines Freundes überholen mich in der Enge des Tunnels. Mit weniger als zehn Kilo sind sie perfekt gebaut für diese Strecke.

Entfernt höre ich zwei Schüsse fallen, der Treiber zu meiner Rechten feuert den Schützen oder die Schützin johlend an. *Sehr schön*, denke ich. *Immerhin ist Wild da, und vielleicht liegt jetzt schon mal was auf der Strecke.* Gleichzeitig beeile ich mich noch ein bisschen mehr, aus den Tunneln wieder an die Oberfläche zu kommen.

Links neben mir höre ich einen Terrier überrascht quietschen und anschließend bellen. Im nächsten Moment zu meiner Linken: »Reh nach vorne!« Mein Mittreiber hat ein Reh gesichtet. Das Reh springt schnellstmöglich weg von unserer Truppe.

Wenn es gut läuft, im passenden Tempo, also nicht zu schnell, vor die Büchse eines Schützen oder einer Schützin, vielleicht findet es aber auch ein Versteck.

Endlich sehe ich, im wahrsten Sinne des Wortes, Licht am Ende des Tunnels und eine Möglichkeit, mich aufzustellen. Der matschige Boden hat meine Handschuhe durchnässt, aber das ist kein Problem. Trotz Temperaturen um den Gefrierpunkt läuft mir der Schweiß von der Stirn, und ich spüre keine Kälte. Ich versuche die Dornen aus meinen Haaren zu schütteln und orientiere mich. Meine Position passt, also weiter geradeaus.

Gerade als mein Puls sich ein wenig beruhigt hat, kracht es in den Hecken, und das Hundegeläut, also das Stimmenpotpourri unserer Vierbeiner, intensiviert sich. Es ist klar: Das bedeutet Sauen. Im nächsten Moment höre ich auch schon die mehrstimmige Bestätigung der anderen Hundeführer, »Sauen nach oben«.

Abwechselnd lausche ich, wo die Rotte sich bewegt, und rufe »hopp, hopp«, um meinen Mittreibern und den uns vielleicht nahen Wildschweinen zu signalisieren, wo ich stehe.

Das Krachen kommt näher, und im nächsten Moment sehe ich vor mir einen graubraunen Klops im Schweinsgalopp durch die Hecken brechen. Während ich noch überlege, wie schwer das Schwein wohl ist, höre ich von links das nächste Mitglied des Familienverbandes kommen. Ich schaue in die Richtung und schaffe es gerade noch, einen blinden Schritt zurückzumachen, bevor das Schwein direkt an mir vorbeirauscht.

Wie es im Leben manchmal ist, kommt das eine zum anderen, in diesem Fall ein blinder Schritt nach hinten und ein loser Schiefer unter meinem Fuß. Ich verliere das Gleichgewicht und plumpse mit dem Hintern voran in die Brombeeren.

Gleichzeitig höre ich es in der Schützenkette rechts von mir knallen. Einmal. Zweimal. Dreimal. Das klingt Erfolg versprechend.

So schnell es geht, versuche ich mich aufzurappeln. Als ich wieder festen Boden unter den Füßen habe, merke ich, wie weich meine Knie sind. Erst mal durchatmen und dann schauen, wo die Hunde sind. Ich lasse noch ein paar Sekunden verstreichen, dann rufe ich mein Quartett. Wie üblich sind die Stichelhaare innerhalb kürzester Zeit an meiner Seite, sie haben den Terrier im Schlepptau. Die drei sind unverletzt und schwänzeln freudig-aufgeregt um mich herum. Nach einem kurzen Lob schicke ich sie wieder los.

Da ruft es unterhalb von mir im Hang: »Henri ist hier! Alles in Ordnung!«

Einige Minuten lang hört man Pfeifen und das Rufen von Hundenamen, bis alle sicher sind, dass kein Hund verletzt ist und wir uns wieder sortiert haben.

Die nächsten zweieinhalb Stunden vergehen auf ähnliche Art und Weise. Mal näher, mal weiter weg, bringen wir das Wild in Bewegung. In der Mitte des Treibens springt noch mal ein Reh direkt vor mir hoch. Ich weiß nicht, wer sich mehr erschrocken hat, das Reh oder ich.

Am Ende des Tages können wir auf eine ansehnliche Strecke blicken. Ein paar Rehe, aber, wie erhofft, mehr Schwarzwild. Neben vielen Frischlingen und Überläufern konnten auch zwei relativ schwere Tiere von rund neunzig Kilogramm erlegt werden.

Das Bergeteam bringt bis zum Einbruch der Dunkelheit noch Wild von verschiedenen Ecken des Reviers zum Aufbrechplatz.

Das Aufbrechteam versorgt das Wild und hängt es zum Ende des Tages in die Kühlung.

Zu der Zeit haben wir Hundeführer*innen unsere Vierbeiner bereits gefüttert und mit Decken ins warme Auto gesetzt. Wir selbst lassen bei einem zünftigen Wildgulasch von einem anderen Jagdtag, das Fleisch von heute darf erst einmal reifen, den Tag Revue passieren. Als ich endlich wohlig-erschöpft mit roten Wangen ins Bett gehe, schlafe ich mit der freudigen Spannung auf die Jagd am folgenden Tag ein.

Dezember

Auf die inneren Werte kommt es an

Montagmorgen. Mein Vater ist mit dem Traktor im Weinberg. Er nutzt den Frost des Dezembermorgens aus, um die Reben zu häckseln. Wir bewirtschaften unsere Reben im sogenannten Spalier. Das bedeutet, in den Wintermonaten, wenn das Grün des vergangenen Jahres verholzt, werden die Reben zurückgeschnitten, sodass nur ein oder zwei Fruchtruten, also zwei Vorjahrestriebe, stehen bleiben. Das abgeschnittene Altholz wird aus dem Drahtsystem herausgezogen und zwischen die Reihen gelegt. Und genau dort kommt nun mein Vater zum Einsatz, der mit einer Art großem und sehr starkem Rasenmäher die dreißig bis fünfzig Zentimeter langen Holzstücke klein schneidet, beziehungsweise häckselt.

Das junge, abgeschnittene Holz bricht am besten, wenn die verbleibende Flüssigkeit im Schnittgut gefroren ist, daher übt man diese Tätigkeit eigentlich vorzugsweise im Januar oder Februar aus, wenn es in unseren Gefilden in die Minusgrade geht. Ein weiterer Vorteil, den der Frost mit sich bringt, ist ein weniger matschiger Boden, was einerseits die Maschinen sauber hält, aber viel wichtiger: andererseits den Boden weniger verdichtet, was wiederum besser für die Weinberge ist.

Mein Vater ist also außer Haus, das heißt, das morgendliche Weinverpacken ist Aufgabe meiner Mutter und mir. Meiner Erfahrung nach sind kalte, graue und regnerische Sonntage der perfekte Nährboden für Onlineshopping von Wein. Das stellen wir fest, wenn wir an Sonntagabenden oder Montagmorgen unsere E-Mails prüfen.

Meine Mutter und ich stehen also in unserem Flaschenlager, und sie fällt in ihren üblichen Montagssingsang: »Ach … Montage, an denen ist einfach nichts dran. Kaum sind wir fertig mit Packen, muss ich auch schon rein, Mittagessen kochen. Und was koche ich überhaupt? Nudeln hatten wir ja erst am Freitag. Kartoffeln mag dein Vater nicht. Und was willst du überhaupt essen, Shanna?«

Für den Start in die neue Woche stand mir ursprünglich der Sinn nach einem guten Stück Fleisch. Wir sind mittlerweile an einem Punkt angelangt, wo ich den Großteil meines Wildfleisches separat in einer Gefriertruhe parke, sodass ich einerseits Muttern keinen Platz wegnehme, wir sind nämlich vorratsmäßig immer für die nächste Apokalypse gerüstet, und andererseits einen Überblick behalte, wie viel ich überhaupt wovon habe. Als ich meine Truhe jedoch an diesem Montagmorgen öffnete, strahlte mir ein Päckchen Veggieburger und eine Packung Chilis entgegen sowie ein Rest Crushed Ice von Silvester. Ansonsten: gähnende Leere. Mir war nicht klar, dass mein Wildvorrat tatsächlich bei null angelangt war. *Nun gut, dann gibt es heute Mittag wohl Nudeln mit Pesto –* immerhin mein Leibgericht seit der sechsten Klasse –, resümierte ich etwas frustriert meine Essenspläne für den Tag. *Und heute Abend geht es auf den Ansitz! Solange die Rehjagd noch offen und der Abschussplan noch nicht voll ist, kann ich schließlich selbst etwas gegen diese Leere tun.*

Am Abend setze ich meinen Plan in die Tat um. Die Rehjagd ist in Rheinland-Pfalz bis Ende Januar möglich, danach beginnt die jagdfreie Zeit, die sogenannte Schonzeit, für viele Wildarten. Bis dahin lässt sich die Zeit nutzen und gegebenenfalls noch das ein oder andere Stück erlegen, immer vor dem Hintergrund, dass es einem die ortsansässigen Winzer beim Rebaustrieb in wenigen Monaten danken werden. Dazu kommt noch das traurige Verenden der Tiere, wenn sie zur Zeitumstellung im Frühjahr an den Berufsverkehrstrecken zu Unfallwild werden.

Meine Wahl steht fest: Ich nutze das unwirtliche, ekelig-nasse Dezemberwetter und setze mich dorthin, wo wir im laufenden Jagdjahr die meisten Verluste zu verzeichnen hatten – in unsere Renaturierungsfläche. Dort, wo früher ein ordentlicher, geradliniger Flutgraben verlief, also ein künstlicher Bachlauf, der Regenwasser kanalisieren sollte, hat man sich vor rund zehn Jahren für eine naturnahe und meiner Meinung nach auch nachhaltigere Alternative entschieden. Das Land Rheinland-Pfalz kaufte vor einigen Jahren große Flächen unterhalb des Dorfes auf und ließ den Bachlauf wieder fröhlich mäandrieren, wie es die Natur und Wetterlage bestimmte. Drum herum entstand ein Eldorado für Insekten, Kleinsäuger und Vögel. Ergänzend dazu schuf man einen Rad- und Wanderweg, der die Dörfer Aspisheim und Dromersheim miteinander verbindet.

Nicht nur die Natur hat dieses Fleckchen dankbar angenommen, auch insbesondere Hundebesitzer*innen von nah und fern, die es ja seit Corona zuhauf gibt, nutzen die Strecke, um gemeinsam mit ihrem Vierbeiner das Rheinhessische Hügelland zu entdecken. Hinzu kommt der, genauso Covid-bedingte, angestiegene Regionaltourismus, der dem Radwanderweg ebenfalls Besucher und Besucherinnen beschert. Alles in allem eine runde Sache – allerdings macht es die Bejagung in diesem Gebiet faktisch unmöglich.

Als Jagende würde ich nämlich niemals auch nur ansatzweise in die Richtung eines Fußgängers oder einer Radfahrerin schießen. Ich persönlich möchte nicht mal in die entgegengesetzte Richtung schießen, damit niemand den lauten Knall als Schuss in seine oder ihre Richtung fehlinterpretieren kann. Dementsprechend eignet sich ein rarer, unwirtlicher Tag wie heute, wo sich ein Ansitz in der Renaturierung hoffentlich lohnt.

Der niedrige Hochsitz, vielleicht fünf oder sechs Stufen hoch, steht nur wenige Meter vom Radwanderweg entfernt. Dank einiger Hecken, einem Tarnnetz drum herum sowie der Fläche, die sich die Natur zurückerobert hat, kann man ihn gut und gern übersehen. Er steht dort seit bestimmt zwei Jahren, und heute ist der erste Tag, an dem ich es wage, mich darauf zu setzen.

Ich bin froh, dass ich ein kleines Sitzkissen aus Loden in meinem Drei-Zimmer-Küche-Bad-Rucksack dabeihabe. Der Hochsitz ist sehr einfach gehalten und hat keine Fenster, was bedeutet, dass sowohl die Sitzbank als nun auch ich der Witterung ziemlich gnadenlos ausgesetzt sind. Immerhin, der Wind passt, was mich optimistisch stimmt.

Nachdem ich mein Fernglas bereitgelegt habe, suche ich in meinem Rucksack noch nach einem Stirnband und meinen fingerlosen Handschuhen. Auch den Gehörschutz lege ich schon bereit. So eingemummelt, verschaffe ich mir erst mal einen Überblick: Gegenüber liegt ein blanker Acker mit einem Streifen Mais dahinter. Zwischen den Stängeln erkenne ich einen kleinen braunen Klops, einen Feldhasen, der dem feuchten Wetter zu trotzen versucht. Kaninchen werde ich heute bestimmt keine sehen, obwohl es hier einige gibt. Die liegen aber an Tagen wie heute lieber zusammengekuschelt in ihrem Bau. Ich kann es ihnen nicht verdenken ... Halb rechts hinter mir steht eine Reihe Bäume, in denen ich die Elstern schimpfen höre, dahinter befindet sich die Fläche des örtlichen Metzgers. Klar erkennbar an den Mäh-Rufen der Schafe, ab und an unterbrochen durch ein »I-Aah« des Esels. Ansonsten ist alles ruhig, keine Hunde, keine Nordic-Walker*innen – genau so, wie ich es mir gewünscht habe.

Nach nur wenigen Minuten höre ich es zu meiner Linken knacken. Definitiv zu laut für einen Kleinsäuger. Vorsichtig tritt ein Reh aus dem Dickicht hinter mir. Ich beobachte es genau, um es anzusprechen, also zu entscheiden, was genau da vor mir steht.

In der nächsten Sekunde purzeln zwei weitere Rehe hinter dem ersten aus den Hecken. Ganz klar, hier haben wir es mit einer Mutter und ihren beiden Plagegeistern zu tun. Die Mutter ist ein wenig größer als ihre Kinder, zudem wirkt sie schwerer, ihr Blick strenger und die Schürze, also der Puschel zwischen den Beinen, ist von hinten klar erkennbar. Das Gewicht ist bereits mehr auf die vordere Körperhälfte verlagert und der ganze Habitus wirkt reifer. Alles Beobachtungen, die für Mutti-Reh sprechen.

Gleichzeitig strotzen die beiden jüngeren Rehe nur so vor Unerfahrenheit und Naivität. Es ist eine wahre Freude, den beiden beim sorglosen Umhertollen im feucht-nassen Gras zuzuschauen. Die Gesichter wirken kindlich, mit großen, runden Kulleraugen. Beide sind wesentlich graziler als ihre Mutter, wobei auch zwischen den beiden Kitzen zumindest ein geringer Gewichtsunterschied herrscht. Während ich die beiden bei ihren Spielereien beobachte, versuche ich die Geschlechter zuzuordnen. Ich denke, es handelt sich um ein Bockkitz und ein Geißkitz. Das Böcklein ist relativ leicht erkennbar. Einerseits an der sanften Erhebung auf seiner Stirn, der Beginn des Gehörns für das kommende Jahr, aber, viel wichtiger, am Pinsel, also seinem Penis, zwischen den Beinen. Das andere Kitz, das ein wenig schwächer scheint, hat sich für mich noch nicht passend bewegt, um einwandfrei das Geschlecht zu bestimmen.

Theoretisch könnte ich zur jetzigen Jahreszeit beide Geschlechter erlegen, aber im Winter liegt unser Schwerpunkt eher auf den weiblichen Tieren. Das ist einerseits darin begründet, dass viele Jäger und Jägerinnen die Trophäe des Bockes bevorzugen, die dieser erst wieder ab April oder Mai trägt, andererseits, und das ist für mich ausschlaggebend, werden in unserem Revier ausreichend männliche Tiere erlegt, während es bei den Damen, den eigentlichen Reproduktionsträgerinnen, ein wenig hapert.

Da springt das Kitz auf einmal von seinem Brüderchen weg, verharrt einen Moment und bückt sich dann zum Nässen, bei uns besser bekannt als Pinkeln, Richtung Boden. Da habe ich meinen Unterschied! Während die Herren der Schöpfung es auch bei den Rehen einfach unkompliziert laufen lassen, setzen sich weibliche Rehe hündinnenähnlich hin.

Im nächsten Moment gibt das Geißkitz mir dann netterweise sogar hundertprozentige Sicherheit: Es dreht sich so, dass ich seine Schürze sehen kann.

Gut, die Entscheidung ist gefallen. Jetzt habe ich keine weiteren Fragen mehr. Jung vor alt ist erfüllt. Schwach vor stark ist erfüllt. Und mein persönliches Ziel, ein weibliches Stück zu erlegen, ebenfalls. Bleibt also nur noch zu warten, bis es breit steht – also möglichst senkrecht von der Seite zu mir, sodass ich die Kugel auf das (Schulter-)Blatt antragen kann. Dort hat das Geschoss die Möglichkeit, am Knochen aufzupilzen, bevor es wieder aus dem Tier heraustritt. Damit verletze ich das Tier schnell, sauber und tödlich.

Ganz langsam, um keine Aufmerksamkeit zu erregen, greife ich, den Blick immer Richtung Rehe gerichtet, erst nach meinem Gehörschutz, dann nach meiner Büchse. Mit möglichst langsamen und wenigen Bewegungen bringe ich den Lauf Richtung Tier. Geladen habe ich die Waffe glücklicherweise schon bei meiner Ankunft, sodass ich jetzt nur noch den Sicherungshebel mit meinem rechten Daumen nach vorn schieben muss – ein sanftes, fast nicht hörbares Klicken. Die drei außerhalb des Hochsitzes bekommen nichts mit von dem, was sich hier anbahnt.

Ich blicke durch mein Zielfernrohr und nehme das Kitz ins Visier, zum Glück steht es gerade relativ ruhig. Mit meinem rechten Zeigefinger ziehe ich sorgsam den Stecher, ein zweites leises Klicken ist zu hören. Auch das hören die Rehe nicht.

Ich orientiere mich noch ein letztes Mal. Habe ich wirklich das weibliche Kitz im Visier? Wo genau steht es? Ich suche mir einen halbhohen Strauch als Orientierungspunkt, sodass ich später abschätzen kann, wo ich suchen muss.

Ich warte einen weiteren kurzen Moment, bis das Geißkitz sich noch ein Stückchen bewegt,
versuche, ganz ruhig zu bleiben,
atme ein, atme aus
und ziehe gleichzeitig am Abzug.

Ein lauter Knall ertönt, mir schlägt das Gewehr in die Schulter, und ich höre im gleichen Moment das dumpfe Geräusch der Kugel, die auf den Wildkörper auftrifft, den sogenannten Kugelschlag. Routiniert öffne ich den Verschluss und repetiere die Waffe, sodass gegebenenfalls ein zweiter Schuss möglich ist. Mutter und Sohn springen mit einem riesigen Satz zurück in die Hecken hinter mir, das getroffene Kitz macht zwei kleine Sprünge – und bricht dann zusammen. Für einen kurzen Moment schlegelt es noch, dann beruhigt sich der Körper, und das Reh liegt tot im feuchten Gras.

Ich halte einen Moment inne.

Ob mir das Kitz leidtut? Ja, bis zu einem gewissen Maße. Besonders bei jungen Tieren schwingt das immer mit. Die Phrase »Es hatte doch noch sein ganzes Leben vor sich« entspricht ja auch bei Tieren der Wahrheit. Ich gebe zu, dass ich Kitzen, die ich teilweise über Tage oder Wochen hinweg beobachtet habe, weil es nie ganz gepasst hat, schon Namen gegeben und mich letztendlich dazu entschieden habe, woanders anzusitzen, wo die Rehe für mich Unbekannte sind.

In solchen Momenten muss ich mir dann immer wieder Sinn und Zweck des Unterfangens vor Augen führen: Wenn ich die Rehe nicht erlege, werden sie im Frühjahr überfahren oder fressen unseren Chardonnay ab oder bekommen irgendwann Krätze vor Überpopulation oder finden nichts mehr zu fressen.

Es gibt für mich ausreichend vernünftige Gründe für die Jagd und auch für das Bejagen junger Tiere, sodass der Moment des Mitleids zwar da ist, ich ihn aber durch den Respekt für das Tier zu ersetzen versuche und den Anspruch, ihm das Sterben möglichst kurz und schmerzlos zu gestalten, wenn ich ihm schon das Leben nehme.

Dann packe ich Stirnband, Handschuhe, Gehörschutz und Fernglas zurück in den Rucksack, entlade meine Waffe und lasse das Magazin in die Jackentasche gleiten. Ich schwinge mir Gewehr und Rucksack über den Buckel und baume ab, um die vielleicht achtzig Meter zu meinem Kitz zu gehen.

Dort angekommen, knie ich nieder und schaue das Tier an. Prüfe, wo der Schuss gesessen hat – zufriedenstellend – und wo das Geschoss den Körper wieder verlassen hat.

Als Nächstes gehe ich zu den Bäumen, die hinter dem Hochsitz stehen, und breche zwei Zweige einer Weide ab. Eigentlich keine übliche Baumart für den Brauch der Inbesitznahme, aber ich muss mit dem arbeiten, was ich habe. Traditionellerweise verwendet man sogenannte bruchgerechte Baumarten wie Tanne, Kiefer, Fichte oder als Laubbaum Eiche und Erle. Die Bezeichnung »bruchgerecht« stammt daher, dass man mit diesen Holzarten »Bruchzeichen« für andere Jäger während der Jagd legt, wie beispielsweise für den Ort, wo das Wild durch die Kugel getroffen wurde, oder für eine Warte- oder Sammelstelle.

Ich lege das Kitz auf seine rechte Körperseite, die sogenannte gerechte Seite, und platziere auf den Einschuss auf dem Schulterblatt den Weidenzweig. Die gewachsene Spitze zeigt zum Haupt des Rehs. Wäre es ein Bock gewesen, würde das gebrochene Ende dort hinzeigen. In vergangenen Tagen diente dieses Symbol dazu, anzuzeigen, dass das Wild in Besitz genommen wurde, es also von einem Jagdausübungsberechtigten und keinem Wilderer erlegt und versorgt worden war.

Im nächsten Schritt greife ich dem Kitz an den Äser, also an sein Maul, öffne ihn vorsichtig und schiebe den zweiten Weidenzweig hinein. Der sogenannte letzte Bissen. Traditionell betrachtet, dient dieser Brauch der Versöhnung mit dem getöteten Tier und ist eine Art Respektbekundung.

Nachdem ich noch einen Moment innegehalten habe, greife ich mir die Läufe des Rehs und ziehe es vor bis zum Radwanderweg.

Als Nächstes laufe ich die wenigen Hundert Meter bis zum Auto und fahre den Weg hinunter, bis dahin, wo das Kitz liegt. Dann hebe ich es in die Wildwanne. Ich bin froh, dass Henri bei diesem abscheulichen Wetter nicht mitwollte. Sonst würde jetzt eine vollkommen vermatschte und aufgeregte Dackeldame um mich herumwuseln, die ich in Schach halten müsste. So geht das Bergen des Wilds relativ flott, und ich kann mich sehr bald auf den Heimweg machen.

Im Hof angekommen, führt mich mein erster Gang in die Waschküche. Dort liegen Messer, Messerschärfer, Handschuhe und Fleischerhaken bereit. Alles das trage ich zu unserem Hoftor. Es hat sich bei uns eingebürgert, die ersten Arbeitsschritte dort zu erledigen, da man das Tier hier in verschiedenen Höhen aufhängen kann, sowie gepflasterter, sauberer Boden und fließend Wasser vorhanden sind.

Im nächsten Schritt sperre ich meine lieben Vierbeiner ins Haus, denn diese haben die Lunte längst gerochen und stehen aufgeregt schnüffelnd vor dem noch geschlossenen Kofferraum.

Dann erst öffne ich die Heckklappe meines Geländewagens und trage die grüne Wildwanne die wenigen Meter weit bis zum Hoftor.

Jetzt beginnt die übliche Arbeitsroutine: das Aufbrechen, also das Entfernen aller Organe und Innereien des Tieres, was mich in der Regel dreißig bis vierzig Minuten Zeit kostet.

Zur Sicherheit lasse ich beide Messer ein paarmal durch den Schärfer gleiten. Dabei denke ich an das Sprichwort, dass man sich nur mit stumpfen Messern schneidet, oder so ähnlich. Auf jeden Fall ist scharf immer besser. Als Nächstes streife ich mir die Einweghandschuhe über und greife die Hinterläufe des Rehs, um die Achillessehne zu ertasten. Den ersten Schnitt von vielleicht zwei oder drei Zentimetern setze ich zwischen Wadenbein und Achillessehne. Dieser Schnitt dient mir später als Aufhängung an den Fleischerhaken. Doch bevor es so weit ist, eröffne ich erst einmal den Bauchraum. Dazu greife ich mit linkem Daumen und Zeigefinger an den leicht behaarten Bauch und ziehe die Bauchdecke ein wenig nach oben. Vorsichtig, um nicht zu tief zu schneiden, setze ich einen kleinen Querschnitt, bis ich den Darm des Tieres hervorquellen sehe. Der Schnitt muss nur so groß sein, dass zwei meiner Finger hineinpassen. Ich stecke meinen linken Zeige- und Mittelfinger in den Querschnitt und lege die Messerklinge Richtung Bauchdecke zeigend zwischen die beiden Finger. Langsam lasse ich das Messer Richtung Haupt des Kitzes gleiten, ohne den Verdauungsapparat zu beschädigen. Oberstes Gebot ist es immer, möglichst wenig Verunreinigung an das Fleisch des Tieres kommen zu lassen.

Auf Höhe des Brustbeins stoße ich auf Widerstand. Das ist der Knorpel, der Rippen und Brustbein zusammenhält. Bei älteren Tieren benötige ich an dieser Stelle manchmal eine Säge, bei einem Kitz geht es ohne, da der Knorpel noch nicht so stark verhärtet ist. Rippe für Rippe ziehe ich das Messer entlang des Brustbeins durch den weichen Knorpel. In diesem Bereich befinde ich mich oberhalb des Zwerchfells, in jagdlicher Sprache sitzt hier das »Geräusch« des Tieres. Dieser Sammelbegriff beinhaltet Zunge, Herz, Leber, Lunge, Milz und Nieren, die auch als »Kleines Jägerrecht« bezeichnet werden. Ein Begriff aus alten Zeiten, in denen das edle Fleisch noch an die Gutsherren ging und der Jäger jene unliebsamen »Reste« bekam, um seine Familie zu ernähren. Heutzutage erhebt auf das Kleine Jägerrecht, wenn überhaupt, der Anspruch, der oder die das Tier nach dem Schuss versorgt und aufgebrochen hat.

Diese »inneren Werte« des Wildes erleben in jüngster Zeit ein Wiederaufleben in der heimischen Küche, da jeder und jede satt und randvoll ist von den üblichen Dingen und nach Neuem und Exotischem sucht oder sich parallel auf Altes besonnen wird. Berichte und Skandale über Produktionsbedingungen von dem Fleisch auf unserem Teller haben dazu geführt, dass die Menschen sich wieder intensiver mit dem Lebensmittel Fleisch auseinandersetzen und versuchen, aus welchen Motiven heraus auch immer, das Tier möglichst ganz zu verwerten.

Zurück zu meinem Kitz.

Nachdem ich die dreizehn Knorpel des Brustbeins durchtrennt habe, ist der schwierigste Teil geschafft. Ich schärfe, so nennt man das Schneiden auch, noch die letzten Zentimeter hin zur Drossel, der Gurgel, bis ich den Lecker, also die Zunge, herausschärfen kann.

Nun ist es an der Zeit, mein Reh mit den Haken ungefähr auf Hüfthöhe in die schmiedeeisernen Verzierungen unseres Hoftors zu hängen. Vorsichtig gehe ich um das Tor herum, um das Hinterteil des Rehs, das sogenannte Waidloch, den After, in

Augenschein zu nehmen. Ein Reh hat keinen richtigen Schwanz, aber zumindest einen kurzen Fortsatz der Wirbelsäule. Diesen greife ich mir, um genau am Rand des Waidlochs einen circa einen Zentimeter großen Querschnitt zu setzen. Als Nächstes nehme ich mir das nun lose Stück des Enddarms vor und schneide ihn ringförmig aus. Daher wird diese Art des Aufbrechens auch »Ringeln« genannt.

Ich gehe zurück auf die andere Seite des Tors und begutachte kurz die Blase des Rehs. Wichtig ist hier, dass kein Urin auf dem Fleisch landet. Ich gehe auf Nummer sicher und drehe die Blase zu, sodass nichts hinauslaufen kann, und schärfe sie ab.

Danach greife ich um das Ende des Darms, sodass ich ihn aus dem Becken herausziehen kann. Der gesamte Verdauungstrakt plumpst aus dem Tier heraus und landet in der Wildwanne darunter.

Bevor es weitergeht, wechsele ich meine Handschuhe. Das Einzige, was die restlichen inneren Organe jetzt noch im Reh hält, ist das Zwerchfell, das ich nun mit meinem zweiten, sauberen Messer ausschneide. Jetzt fällt auch das Geräusch bis hin zum Lecker in die Wildwanne.

Jetzt geht es an einen sehr wichtigen Teil: Ich nehme die inneren Organe in Augenschein. Weisen sie irgendwelche Auffälligkeiten auf, die auf eine Erkrankung hindeuten? Ist das Tier von Parasiten befallen? Das sind Fragen, die ich als Jägerin beantworten kann und auch muss, bevor ich Wildfleisch in Umlauf bringe oder selbst verzehre.

Glücklicherweise sehen die Organe meines Rehs vollkommen normal aus. Ich greife mir also die Leber und löse sie heraus, genauso wie die Nieren. Beides lege ich in eine blaue Plastikschüssel, die neben mir bereitsteht. Normalerweise würde ich die Nieren im Tier belassen, damit sie nicht austrocknen, aber heute möchte ich Leber, Herz und Niere nutzen, um sie zu kochen. Zu guter Letzt greife ich das Herz, entferne den Herzbeutel und öffne beide Herzkammern. Mit dem Daumen entferne ich die Klumpen des dunkelroten, geronnenen Bluts und lege damit das dritte benötigte Organ für das Gericht, das ich mir heute Abend kochen werde, zu Leber und Nieren in die blaue Schüssel. Es wird der süßsaure Aufbruch nach dem Rezept meiner Mutter.

Das letzte verbleibende Organ ist die Lunge des Rehs, hier ist der Schuss gelandet – das ist ganz klar am zerfetzten Gewebe und den dunklen Blutergüssen zu erkennen. Wie alle anderen inneren Organe schärfe ich auch die Lunge aus dem Körper heraus – jetzt ist das Reh leer.

Als letzten Arbeitsschritt für heute rolle ich den Wasserschlauch aus und spüle das Reh aus. Erst einmal von außen, um mögliche Parasiten wie zum Beispiel Zecken oder Hirschlausfliegen so gut wie möglich herunterzuspülen, und anschließend von innen. Hier gilt das Motto: Viel hilft viel. Lieber mit zu viel Wasser auswaschen, als am Ende irgendetwas übersehen zu haben. Wichtig ist nur, auf den Wasserdruck zu achten, nicht dass man Fremdkörper in die Zellen hineinpresst.

Mein Fleisch soll die beste Qualität besitzen – egal, ob für mich oder für andere.

Am Ende nehme ich das Reh von den Haken herunter, lege es in eine saubere Wildwanne und fahre es zwei Straßen runter in den alten Ortskern zu meinem Opa in die Kühlkammer, die dort extra für solche Zwecke bereitsteht.

Der freut sich und ruft mir ein lautes »Waidmannsheil« ent-

gegen. Nachdem das Rehlein in der Kühlung hängt, muss die
Beute nach alter jagdlicher Tradition »totgetrunken« werden.
Opa holt eine Flasche unseres Perlweins hervor, öffnet sie und
schenkt mir, meiner Oma und sich ein von der perlenden, pink-
farbenen Flüssigkeit.

Zwei Tage lang hat mein Geißkitz nun Zeit, um abzuhängen.
Das ist nötig, damit das Fleisch am Ende zart und saftig ist. Erst
durch diese Reifezeit haben im Fleisch vorhandene Milchsäure-
bakterien nämlich die Möglichkeit, die enthaltenen Fette und
Proteine aufzuspalten, sodass das Fleisch zart wird.

Für mich geht es nach diesen zwei Tagen weiter damit, die
Decke des Rehs zu entfernen, also es aus der Decke zu schlagen,
und das Tier in seine einzelnen Teilstücke zu zerlegen.

Das Zerlegen eines Tieres hängt immer ein wenig davon ab,
wie viel Zeit man hat und für welchen Verwendungszweck das
Fleisch gedacht ist. Man kann seine Beute entweder grob zerwirken, also in fünf (beziehungsweise sechs) Teilstücke zerlegen: Keule, Blätter, Rücken, Nacken, Rippen und Lende, oder
man nimmt sich Zeit und beint direkt aus. Das heißt, man löst
das Fleisch vom Knochen. Für die Keule bedeutet das zum Beispiel, dass sie in die drei kleineren Stücke Oberschale, Unter-
schale und Nuss zerwirkt wird. Drei wunderbare Stücke, um
sie schnell in die Pfanne zu hauen oder auch auf den Grill.
Wenn die Schulterblätter durch den Schuss unversehrt geblieben sind, kann man diese ebenso ausbeinen und beispielsweise Geschnetzeltes oder Rollbraten daraus zaubern. Rippen
und Nacken nutze ich gern für Hackfleisch. Fix in Fünfhundert-
Gramm-Beuteln vakuumiert und schön flach eingefroren, sind
sie schnell auch wieder aufgetaut, für Bolognese oder Burger-

pattys. Auch der Rücken lässt sich gut direkt ausbeinen, sodass man ein klassisches Stück Fleisch erhält für die Pfanne, nur mit Pfeffer und Salz gewürzt, oder auch für den Grill.

Mir ist besonders wichtig, Wild aus seiner »Feiertagsecke« herauszuholen. Deshalb verarbeite ich die Stücke für mich zu Hause immer so, dass ich sie auch auf die Schnelle zubereiten kann – ohne viel Schnickschnack und trotzdem lecker.

Mir ist klar, dass es möglicherweise etwas befremdlich wirkt, wie schnell und selbstverständlich hier ein totes Tier für mich zum Lebensmittel wird. Letztendlich bin ich mit alldem aufgewachsen. Für mich war es schon immer normal, dass erlegte Tiere auch zerlegt werden und man das Fleisch früher oder später verzehrt.

Bis heute treibt mich in diesem Prozess der Wille an, ein möglichst perfektes Nahrungsmittel zu erzeugen, und das war niemals anders.

Weil ich das Verarbeiten in der Jagdschule kaum beziehungsweise nur beim Über-die-Schulter-Gucken lernen konnte, war es mir wichtig, dieses Defizit aufzuholen. Die ersten »eigenen« Tiere habe ich, noch ohne Jagdschein und unter Aufsicht, auf Drückjagden aufgebrochen, einfach um die Praxis zu erlernen. Nie wollte ich zu den Jägerinnen gehören, die töten, aber nicht verarbeiten können.

Ab dem Zeitpunkt des Todes ist das Tier für mich ein Lebensmittel, das möglichst gut verarbeitet werden muss. Daher spielen Emotionen wie Mitleid oder Trauer für mich im Verarbeitungsprozess von Anfang an kaum eine Rolle. Im Fokus habe ich stets den Willen, in dem Handwerk, das ich ausführe, so gut wie möglich zu sein.

Vom Zerwirken des Wildes bis zum Verpacken, Vakuumieren, Einfrieren, braucht es auch noch mal dreißig bis vierzig Minuten. Das bedeutet als Verarbeitungszeit eines kleinen Tieres wie ein Rehkitz zwei Stunden, plus die Zeit, die man auf dem Hochsitz verbringt, was je nach Glück, Revierstruktur und Können von wenigen Minuten bis zu mehreren Wochen dauern kann. Ist es die Mühe wert? Das ist es. Für die Natur, das Tier und am Ende natürlich auch für mich selbst, wenn ich etwas esse, von dem ich genau weiß, woher es stammt.

Süßsaurer-Aufbruch Sigruns[3] Art

Zutaten (für vier Personen)

- 1 Rehleber
- 2 Rehnieren
- 1 Rehherz
- 4 EL Schweineschmalz
- 2 Zwiebeln, gewürfelt
- 4 EL Mehl
- 1/2 Tasse Essig (Balsamico)
- 1/4 l Rotwein
- 1/2 l Fleischbrühe
- 4 EL Johannisbeergelee
- 1 TL Paprikapulver
- 1 EL Thymian (getrocknet)
- 1 Becher Crème fraîche
- Salz
- Pfeffer
- Speisewürze
- 1 Bund Schnittlauch

---

3 Sigrun ist meine Mutter.

Zubereitung

Als Erstes die küchenfertigen Innereien waschen, trocken tupfen und in Streifen schneiden. Anschließend das Schweineschmalz erhitzen und die Innereien darin rundum anbraten.

Danach die gewürfelten Zwiebeln zugeben, glasig schwitzen und mit Mehl bestäuben.

Im Anschluss alles mit Rotwein und Fleischbrühe auffüllen und das Johannisbeergelee unterziehen. Nun darf das Gericht bei mittlerer Hitze circa zehn Minuten köcheln.

Danach nach Belieben mit Paprika und Thymian würzen und Crème fraîche zugeben. Abschließend mit Salz, Pfeffer und Speisewürze abschmecken. Dazu reicht man Spätzle, Pasta oder Bratkartoffeln. Alles mit Schnittlauch bestreuen und servieren – guten Appetit!

Nachwort

Zwölf Kapitel, die zwölf Monate im Jahreskreis der Natur bedeuten. Zurückblickend, nachdem ich fast ebenso lange an den Texten gearbeitet habe, merke ich: Da fehlt so viel! Diese Kapitel geben euch einen kleinen Einblick, sie öffnen ein Fenster in die Welt der Jagd und des Weines, aber es gibt noch so viel mehr zu entdecken und auch andere Meinungen zu erkunden. Meine Stimme ist nur eine von über 400 000 jagenden Menschen (DJV/2022) in Deutschland und nur eine von rund 15 000 Weinbaubetrieben (Vinum/2020).

Während die Zahl der Jagdscheininhaber*innen übrigens steigt, sinkt die der Weinbaubetriebe stetig und zeigt symptomatisch die Herausforderung, vor der viele Betriebe stehen: Die Kleinen werden immer kleiner und/oder verschwinden, während die Großen immer größer werden (müssen), weshalb es für kleine und mittlere Betriebe immer schwieriger wird, konkurrenzfähig zu bleiben. Das funktioniert nur über eine entsprechende Preisgestaltung, bei der die Weinliebhaber*innen auf der anderen Seite auch mitgehen müssen.

Die steigende Zahl an Jagdscheininhaber*innen zeigt für mich gleichzeitig, dass der Mensch sich (wieder) mehr mit seiner Umwelt und der Natur auseinandersetzen möchte und auch wissen will, woher das Steak auf dem Teller kommt.

Zugespitzt gesagt: Man besinnt sich zurück auf die Wurzeln und lässt zur gleichen Zeit ein Teil jener Wurzeln verkümmern, weil es günstiger und vielleicht auch bequemer ist, beispielsweise den Wein im Supermarkt zu kaufen, anstatt einen kleinen Weinbaubetrieb im Dorf zu unterstützen. In diesem Fall ist die Digitalisierung im Übrigen ein Segen: Selbst wenn es in eurer direkten Umgebung keine Winzerin und keinen Winzer gibt, so bieten Plattformen wie wirwinzer und vicampo oder am besten der Onlineshop eines Weinguts (denn dann geht keine Marge an Plattformen) auch in den weinbaufernsten Regionen Deutschlands die Möglichkeit, ein kleines Weingut in Rheinhessen, der Pfalz oder anderswo in Deutschland zu unterstützen.

Ich sehe zur jetzigen Zeit zwei Strömungen: Der eine Teil der Gesellschaft surft weiterhin freiwillig oder gezwungenermaßen auf der »Billiger geht's immer«- oder »Geiz ist geil«-Welle und der andere Teil konsumiert immer bewusster, nachhaltiger und regionaler. Ich denke, im Regelfall korreliert dieses Verhalten mit dem Einkommen der Haushalte. Dramatisch gesagt: Die Schere geht immer weiter auseinander.

Für uns als Gesellschaft ist es die Herausforderung, diese beiden Ströme irgendwie wieder miteinander in Einklang zu bringen. Nur wenn wir gesamtgesellschaftlich und auch politisch an einem Strang ziehen, wird es möglich sein, eine nachhaltige Landwirtschaft zu fördern und familiengeführte kleine und mittelständische Betriebe zu erhalten. Solche Betriebe sorgen für eine kleiner strukturierte Kulturlandschaft, die ökologisch wertvoll ist und die Artenvielfalt bis zu einem gewissen Maße fördert.

Mit dem Schreiben dieses Buches ist mir aber auch noch etwas bewusst geworden: wie privilegiert ich bin. Das Leben und die Art zu leben, die für mich von Kindesbeinen an normal war, ist gar nicht so normal. Einerseits mit der Freiheit des Lebens auf dem Land, mit eigenem Grund und Boden, die Raum zum Ausprobieren und Selbstverwirklichen bietet, andererseits mit der Möglichkeit, genau dort, nun im Erwachsenenleben, jagen gehen zu dürfen und so die Kulturlandschaft aktiv mitzugestalten. Das ist eine glückliche Konstellation, die es gar nicht so oft gibt, wie ich immer dachte. Das Privileg, durch die Felder und Wälder zu streifen, den Rehen ins Wohnzimmer schauen zu dürfen und zu sehen, wann die Wildschweine wieder kurz durch das Revier gezogen sind – das sind kleine Momente, die lange nicht jede und jeder erleben kann. Nur wir in der Jägerschaft dürfen diese besonderen Orte so konstant betreten und wahrnehmen.

Ich hoffe, ich habe euch ein wenig Lust auf mehr gemacht und euren Blick für die kleinen und großen Zusammenhänge geschärft. Vielleicht schaut ihr beim nächsten Waldspaziergang mal genauer auf den Boden: Wo findet ihr Wechsel? Welche Spuren hinterlassen die Wildtiere im Wald? Welcher Vogel singt oberhalb von euch sein Lied? Aber ich hoffe auch, euren Blick für unsere Verantwortung als Konsumierende geschärft zu haben. Vielleicht schaut ihr beim nächsten Supermarktbesuch ebenfalls genauer hin: Woher kommt mein Fleisch? Ist das ein angemessener Preis? Muss es tatsächlich der Wein vom anderen Ende der Welt sein?

Nur mit offenen Augen für die Probleme unserer Zeit können wir mit vielen kleinen Einzelentscheidungen, für Regionalität und für Nachhaltigkeit, das Ruder hoffentlich noch rumreißen für alle, die nach uns kommen.

Weit schweifen müsst ihr also nicht – denn meistens liegt das Glück ganz nah.

Glossar

Abbaumen	den Hochsitz verlassen, vom Hochsitz heruntersteigen
Abglasen	mit dem Fernglas die Gegend absuchen
Absehen	unterschiedliche Ausführung der Zieleinrichtung eines Visiers
Anlanden	an Land bringen
Ansitz	Jagdform, bei der man an einem festen Punkt auf das Erscheinen von Wild wartet
Ansprechen	Identifizieren von Wild: Was steht vor mir? Geschlecht? Familienverband? Gesundheitszustand?
Ansteller	ortskundige Person, die Teilnehmer*innen zur Gesellschaftsjagd einweist
Anzeigen	Hund, der etwas anzeigt (z. B. Wildgeruch)
Äsen	fressen, essen, weiden
Äser	Maul des Wildtieres

Aufbaumen	a. Niederlassen von Wild, z. B. auf einem Baum b. Jäger, der sich auf einem Hochsitz niederlässt (also aufbaumt)
Aufbrechen	Entfernen der inneren Organe des Wildtieres; Wortherkunft: vom Aufbrechen des Hüftschlosses, z. B. beim Reh
Ausbeinen	Knochen vom Fleisch lösen
Abzeilen	*langsames Fahren entlang der Rebzeilen, um über die einzelnen Zeilen zu blicken*
Ausbrechen	*Entfernen ungewollter Triebe am Rebstamm*
Austreiben	*Rebaustrieb, wenn die Knospen/Blätter beginnen zu wachsen*
Bache	ausgewachsenes Wildschwein (Schwarzwild), weiblich
Bast	sehr gut durchblutete Schutzhaut über dem wachsenden Geweih oder Gehörn (z. B. bei Reh- und Rotwild)
Baujagd	Jagd auf im Bau (unterirdisch) lebende Wildarten
Blatter	eine Art Pfeife, um das fiepende Geräusch des weiblichen Rehwildes zu imitieren
Blattjagd	Jagd auf Rehwild nach der Brunftzeit der Rehe

Blattzeit	Paarungszeit beim Rehwild. Der Name leitet sich von der Möglichkeit des Lockens durch Fiepen auf einem Buchenblatt ab. In der heutigen Zeit wird dafür ein Blatter verwendet.
Bluten	So nennt man es, wenn die Pflanzensäfte aus dem Wurzelwerk zurückkehren in die überirdischen Teile der Pflanze.
Bruch	Auch »Bruchzeichen« genannt, dient Jägern zur Kommunikation und zur Ehrung.
Bruchgerechte Hölzer	Tanne, Fichte, Kiefer, Eiche, Erle
Brunft	Paarungszeit bei Wildtieren, z. B. Rot- oder Damwild
Büchse	Waffe, aus der mit dicker Kugel geschossen wird
Damwild	Wildart, deren männliche Vertreter (= Damhirsch) schaufelartige Geweihe haben. Oft auch in Wildgattern zu sehen. Verschiedene Färbungen möglich (weiß gepunktet, dunkel …)
Decke	Fell des Rehs
Dickung	dichte Hecke oder dichtes Unterholz
Drückjagd	Jagd auf Hochwild, auf der man das Wild aus seinen Dickungen herausdrückt

Einstand	Rückzugsraum oder -fläche für Wildtiere, dort ist zumeist Ruhe und Äsung vorhanden.
Einstechen	Betätigen des Abzugs zur Verringerung des Abzugswiderstands
Erlegen	ein Wildtier bei der Jagd töten
Fadenkreuz	Markierung zum genauen Anvisieren
Fangschuss	Schuss, der angetragen wird, um ein nicht direkt getötetes Wildtier zu töten beziehungsweise zu erlösen
Federwild	dem Jagdrecht unterliegende Vögel, auch als Kleinwild bezeichnet: Wachteln, Rebhühner, Fasane, Wildenten und Wildtauben
Fegen	Entfernen/Abreiben des Bastes an Bäumen oder Sträuchern. Je nach Pflanze erhält der Bock/Hirsch eine hellere Färbung.
Fegestelle	Fegestellen entstehen durch das Reiben oder Schlagen des Geweihs oder Gehörns an Bäumen und Sträuchern, wobei der Bast entfernt wird. Das Geweih (Gehörn) wird verfegt. Fegestellen werden beim Rehwild zusätzlich mit der Stirndrüse markiert.
Feldrevier	Revier mit überwiegendem Anteil an Feld (Gegenstück: Waldrevier)

Flinte	Waffe, aus der mit vielen kleinen Kugeln (Schrot) geschossen wird
Fraßschaden	siehe Wildschaden
Frischling	Kind des Schwarzwildes
Fruchtruten	*Triebe aus dem Vorjahr, die im Winter nicht weggeschnitten werden und die Basis für das kommende Jahr bilden*
Gehörn	Geweih des Rehwildes
Geiß	weibliches Reh, weibliche Gams
Geläut	bellende Hunde im Treiben/auf der Jagd
Geräusch	Lunge, Herz, Niere, Leber des Schalenwildes
Gesellschaftsjagd	Jagd mit mehr als vier Personen
Geweih	Kopfschmuck der männlichen Cerviden
Gemarkung	*Flächeneinheit des Liegenschaftskatasters*
Häckseln	*Die im Winter geschnittenen Reben verbleiben im Weinberg und werden mit einem Häcksler klein gehackt, sodass sie danach in den Boden eingearbeitet werden können.*
Hochsitz	Einrichtung zur Ansitzjagd
Hochwild	historisch: dem Adel vorbehaltene Wildarten Sammelbegriff für Elch-, Rot-, Dam-,

Stein-, Gams-, Muffel- und Schwarzwild

Inbesitznahme	Gesetzlich gesehen gilt Wild als her-renlos, mit dem Erlegen nimmt der/die Schütz/-in (ggf. im Auftrag des Pächters) das Wild in Besitz.
Jagdjahr	1. April bis 31. März, angepasst an den Lebenszyklus der Wildtiere und die Vegetation
Jagdstrecke	Liste mit allen innerhalb eines Jahres getöteten (erlegt, verunfallt, gefunden) jagdbaren Tieren. Diese Zahlen müssen an die untere Jagdbehörde gemeldet werden.
Jägerlatein	a. übertriebene Erzählungen von Jäger*innen b. für Laien unverständlicher Fachjargon der Jäger*innen
Jungfeld	*frisch gepflanzter/junger Weinberg (1–3 Jahre)*
Kaliber	Größenangabe des Inneren des Laufes der Waffe, des äußeren Umfangs der Kugel (Munition)
Kanzel	Hochstand, Hochsitz
Keiler	männliches, ausgewachsenes Wildschwein
Kitz	Kind/Nachwuchs des Rehwildes

Kleines Jägerrecht	essbare Teile des Aufbruchs
Kugelfang	Boden direkt hinter dem Ziel, in den die Kugel eindringen kann, ohne jemanden zu gefährden
Kugelschlag	dumpfes Geräusch beim Einschlagen des Geschosses in den Wildkörper
Läufe	Bezeichnung für Beine von vierfüßigen Wildarten
Lecker	Zunge des Schalenwildes
Leiter	ein Holz- bzw. Metallgestell für die Jagd, auf das man einige Stufen hochklettert und sich hinsetzt; zumeist weniger bequem als ein richtiger Hochsitz und auch zugiger
Letzter Bissen	Zweig einer bruchgerechten Baumart, der aus Respekt/Gedenken dem Wild in den Äser gesteckt wird
Losung	Kot
Lunte	Schwanz des Fuchses
Leel	*eine wie ein Rucksack tragbare Traubenbütte für den Transport der Trauben vom Rebstock bis zum Maischewagen; bei der Handlese genutzt*
Lese	*Ernte*
Maische	*Gemisch aus Most, Beerenschalen und Kernen*

225

Maischewagen	*Anhänger oder Wagen, der zum Transport der Maische verwendet wird. Oftmals mit eigener Pumpe und Traubenfördersystem*
Minimalschnitt	*Rebanlage, in der auf den jährlichen Rebschnitt verzichtet wird*
Most	*Fruchtsaft der Trauben*
Nachsuche	angeschossenes oder erlegtes Wild suchen (und auffinden), zumeist mit ausgebildeten Hunden oder anerkannten Nachsucheführer*innen
Niederwild	nicht zur – traditionell nur dem Hochadel zugestandenen – hohen Jagd gerechnete Wildarten, z. B. Hasen, Rebhühner, Enten und andere. Gegensatz: Hochwild
Nuss	a. weibliches Geschlechtsteil b. Teilstück der ausgebeinten Keule
Pirschleine	möglichst geräuscharme Hundeleine, für die Pirsch geeignet
Pirschstock	Gestänge, das als Auflage für die Waffe dient
Plätzstelle	Stelle, an der Schalenwild (z. B. Reh) geplätzt hat
Rotwild	Sammelbegriff für Hirsche, Kühe und Kälber des Rotwildes

Rotte	Familienverband oder Gruppe von Wildschweinen
Sasse	Lager des Feldhasen
Sau	Wildschwein
Schaft	Als Schaft bezeichnet man den gesamten Holzteil eines Gewehrs. Der Hinterschaft ist der Teil, der Richtung Mensch, der Vorderschaft der Teil, der Richtung Ziel zeigt.
Schale	Hufe oder Klause des wiederkäuenden Haarwildes und des Schwarzwildes
Schalenwild	Wildart, die auf Schalen geht
Schärfen	Schneiden
Schaufel	Geweih von Damhirsch und Elch
Schmalreh	einjährige weibliche Rehe, die noch keine Mütter sind, also kein Kitz gesetzt haben
Schlegeln	schnelles Schlagen mit den Läufen, wenn ein Wildtier (nach dem Schuss) verendet
Schleppwild	totes Wild, das zum Training des Jagdhundes genutzt wird (um eine Schleppe, also Duftspur, zu legen)
Schliefanlage	Trainingsort für den Hund mit Fuchs
Schmalreh	einjährige weibliche Rehe, die noch keine Mütter sind, also kein Kitz gesetzt haben

Schneise	Geländeabschnitt, in dem Bäume gefällt wurden
Schonzeit	jagdfreie Zeit
Schrecken	bellender Warnruf beim Schalenwild
Schürze	Haarbüschel (herzförmig) am äußeren Geschlechtsteil des weiblichen Rehwildes
Schussfestigkeit	wenn ein Jagdhund bei Schussabgabe kein ängstliches oder panisches Verhalten zeigt
Schwarzwild	Wildschweine
Schweiß	Blut von Wild und Jagdhund, sobald es den Körper verlassen hat
Sichtlaut	Jagdart des Hundes: laut bellend, sobald Wild in Sicht kommt
Sprung	a. eine Gruppe von Rehen b. der Hinterlauf des Feldhasen
Spurlaut	Jagdart des Hundes: laut bellend auf der Spur/Fährte des Wildes
Stecher	eine Einrichtung, um den Abzugswiderstand an der Waffe zu verringern. Das bringt den Vorteil, dass das Gewehr sich möglichst wenig bewegt beim Ziehen des Abzugs.
Strecke	alle erlegten Tiere, z. B. eines Jagdtages

Stück	Substantiv, um eine bestimmte Anzahl von Wildtieren zu beschreiben, z. B.: zwei Stück Rehwild
Stickel	*Pfahl in den Weinbergreihen, der Drahtrahmen hält*
Tagesstrecke	Strecke eines Jagdtages
Teckel	jagdlich genutzter Dackel
Tier	umgangssprachlich: weiblicher Hirsch, korrekter Begriff: Rottier oder Damtier
Treiber	Person, die auf einer Gesellschaftsjagd das Wild aus den Einständen treibt oder drückt
Treibjagd	Jagdform auf Niederwild, bei der das Wild aus seinen Einständen getrieben wird (Gegenstück: Drückjagd)
Tafel- oder Esstraube	*Traubensorten, zum Beispiel aus dem Supermarkt, die nicht zur Weinbereitung geeignet sind*
Terroir	*gesamte natürliche Umgebung, in der Wein steht. Gedanke, dass abiotische, regionale Faktoren Einfluss aus den Weingeschmack nehmen*
Überläufer	Wildschwein zwischen zwölf und 24 Monaten
Verbiss	abgefressene Triebe durch Schalenwild, Hase oder Kaninchen

Vorstehen	Jagdhund zeigt Niederwild an, indem er steif wird, eine Pfote anhebt und den Schwanz aufstellt
Vorstehhund	Jagdhunderassen, die darauf gezüchtet wurden, Wild vorzustehen
Waffen	a. Klauen und Krallen von Tieren b. Sammelbezeichnung für alle blanken Waffen
Waidloch	After/Enddarm des Wildes
Waidwerken	Handwerk des waidgerechten Jägers
Wechsel	Häufig genutzter Laufweg von Wild
Wechseln	Wildtier, das sich bewegt oder seinen Standort ändert
Wedel	Schwanz von Hirschen und Rehwild
Welpe	Jungtiere von: Raubtieren, Katzen, Hundeartigen
Wild	Kurzbegriff für alles jagdbare Wild
Wildschaden	Schäden, die unmittelbar von Wild verursacht werden, zum Beispiel: Fraß an Weinbergen, Zerstörung von Wiesenflächen
Witterung	a. Wetter b. Geruch, der von Menschen ausgeht, beziehungsweise von der Spur ausgehender Geruch
Waidmannsdank	Antwort auf die Gratulation »Waidmannsheil« nach erlegtem Wild

Waidmannsheil	a. Traditionelle Begrüßung
	b. Gratulationsformel
	c. »Viel Erfolg auf der Jagd – gute Beute«
Auch Weidmannsheil, neuerdings:	Waidfrauheil/Weidfrauheil
Zerwirken	Zerlegen von Wild
Zwingername	Name eines Zuchtbetriebes, »Nachname« von Rassehunden

Bildnachweis

»Das ist verdammt großartig.«
Helen MacDonald, Autorin von *H wie Habicht*

James Rebanks' Familie lebt seit Generationen im englischen Hochland. Die Lebensweise ist seit Jahrhunderten von den Jahreszeiten und Arbeitsabläufen bestimmt: Im Sommer werden die Schafe auf die Berge getrieben und das Heu geerntet; im Herbst folgen die Messen, wo die Herden aufgestockt werden, im Winter die Anstrengung, dass die Schafe am Leben bleiben, und im Frühling die Erleichterung, wenn die Lämmer geboren werden.

Rebanks erzählt von einer archaischen Landschaft, von einer tiefen Verwurzelung an einen Ort, und von den Menschen, die ihm nahestehen; Menschen mit großer Beharrlichkeit, obwohl sich die Welt um sie herum vollständig verändert hat.

JAN HAFT

Von den Alpen bis ans Meer –
eine Entdeckungsreise
durch unsere schönsten
Lebensräume

NATUR
NEBENAN

»Ein Plädoyer dafür, nicht
immer in die Ferne zu
schweifen, um Natur zu
sehen. Auch bei uns und
im Kleinen passieren ganz
spektakuläre Dinge.«
NDR »Kulturjournal«

Ein Waldstück, das wir gut kennen, eine Wiese in der
Marsch, ein kristallklarer Bergsee, ein Apfelbaum, an dem
wir immer wieder vorbeilaufen: Natur berührt uns, ist Teil
unseres Lebens und lässt uns heimisch fühlen. Unser Land
besteht zu drei Vierteln aus Feldern, Wäldern, Wiesen,
aus einer Vielfalt mehr oder weniger natürlicher Lebensräume zwischen Küste und Bergen. Je besser wir die
Landschaften und ihre pflanzlichen und tierischen Bewoh-
ner kennen, je deutlicher wir uns unserer Verbindung zu
ihnen bewusst werden, desto besser können wir sie auch
schätzen und schützen. Der Biologe und preisgekrönte
Naturfilmer Jan Haft lenkt unseren Blick auf das unschein-
bare Detail genauso wie auf das große Ganze der
heimischen Natur und führt uns ihren Wert, ihre Schönheit
und ihre Gefährdung vor Augen.

 **PENGUIN** VERLAG

MANUEL LARBIG

MEIN WILDKRÄUTER-GUIDE

Von Rauke, Rapunzel und anderen
schmackhaften Entdeckungen am Wegesrand

Mit vielen
Sammel-Tipps für
Wald, Wiese und
Großstadt

Weshalb Brennnesseln nahrhafter sind als Spinat und wieso man auch in Stadtparks Kräuter sammeln kann

Manuel Larbigs Leidenschaft sind die Pflanzen. Der erfahrene Biologe bietet deutschlandweit Kräuterwanderungen und -kochkurse an. Dabei zeigt er, dass es nicht nur viel Spaß macht, sich mit Wildkräutern zu beschäftigen, sondern dass diese auch gut für unsere Gesundheit sind. Und vor allem: Jeder kann lernen, Kräuter zu bestimmen. Dafür braucht es nicht jedes Mal einen Ausflug in den Wald – auch vor der eigenen Haustür lassen sich viele bekannte und weniger bekannte Arten entdecken.

 **PENGUIN** VERLAG